MERCEDES-BENZ R 129

Michael Allner

Motor buch Verlag

Einbandgestaltung: Frank Zähringer unter Verwendung von Motiven der Daimler AG

Bildnachweis: Sämtliche Abbildungen sind – wenn nicht anderes vermerkt ist – urheberrechtlich der Daimler AG geschützt.

ISBN: 978-3-613-04101-1

2. Auflage 2024

Sie finden uns im Internet unter
www.motorbuch-verlag.de

Lektorat: Martin Gollnick
Innengestaltung: Anita Ament
Druck und Bindung: Graspo CZ, 76302 Zlin
Printed in Czech Republic

Hut ab: Mit der neuen Baureihe war den Designern und Entwicklern ein großer Wurf gelungen

Vorwort

In die Fußstapfen seiner Vorgänger zu treten, ist selten einfach gewesen. In die Fußstapfen von erfolgreichen Vorgängern zu treten, ist eine noch größere Herausforderung. Waren diese Vorgänger zudem auch noch lange Jahre erfolgreich, wird es noch schwieriger. Das gilt sowohl für Menschen als auch für Autos.
In diesem Fall feierte der Vorgänger-SL mit der internen Bezeichnung R 107 schon 18 Jahre lang Erfolge. Irgendwann musste aber nun einmal ein Generationswechsel stattfinden, und so war 1989 die Zeit gekommen, dass ein neuer Roadster die Baureihe R 107 aufs Altenteil schickte. Der Neue ging die Nachfolge gleich mit großem Elan an. Und so war dieser SL nicht nur ein komplett neues Auto, sondern übernahm in vielerlei Hinsicht eine Vorreiterrolle. Er war der erste Roadster von Mercedes-Benz mit vollautomatischem Faltverdeck, der erste mit einem Windschott und der erste mit Integralsitzen. Er war der erste SL mit Zwölfzylindermotor und der erste SL, bei dem die sportliche Buchstabenkombination AMG auf dem Heckdeckel zu finden war. Und sogar beim Produktionsstandort stellte er Weichen, denn er war der erste Roadster von Mercedes-Benz, der im Werk Bremen gebaut wurde.
Ausreichende Gründe also, diese Baureihe, die von Anfang 1989 bis Mitte 2001 angeboten wurde, in dieser Buchreihe unter die Lupe zu nehmen. So beleuchtet dieses Buch den Werdegang der erfolgreichen SL-Baureihe von Anfang bis Ende, vergisst dabei kein Sondermodell und informiert mit zahlreichen Tabellen.

Viel Spaß beim Lesen
Michael Allner

So lässt sich's leben: Der SL der Baureihe R 129 wartete mit zahlreichen Neuerungen auf, die das Offenfahren nicht nur komfortabler, sondern auch deutlich sicherer machten

Nach 18 Jahren ein neuer SL

Am 4. August 1989 rollte in Sindelfingen im Bau 38 der letzte SL der Baureihe R 107 vom Band. Er bildete den Schlusspunkt von beachtlichen 18 Jahren Produktionszeit, in der 237.287 Exemplare dieses Typs gebaut wurden. Somit war dies (und ist bis heute) die meistverkaufte Baureihe des SL. Und abgesehen von den Geländewagen der G-Klasse gibt es in der Geschichte von Mercedes-Benz auch keine andere Pkw-Baureihe, die über einen solch langen Zeitraum produziert wurde.

Nach der Modellpflege im Jahr 1985 waren bis zum Auslauf der Baureihe R 107 vier Varianten im Angebot: der 132 kW (180 PS) starke 300 SL, der 420 SL mit 150 kW (204 PS), der 500 SL mit 164 kW (223 PS) und schließlich der 560 SL mit 170 kW (227 PS). Alle vier boten (mit Katalysator) eine Höchstgeschwindigkeit von über 200 km/h, die beiden Topmodelle liefen über 220 km/h. Die schnellste Beschleunigung von null auf 100 km/h boten der 500 SL mit 7,8 Sekunden und das Exportmodell 560 SL mit 7,7 Sekunden.

Dauerbrenner: In den 18 Jahren Bauzeit des R 107 verkaufte Mercedes-Benz durchschnittlich rund 13.000 SL pro Jahr

Schon ganz schön kräftig: Der V8-Motor des 500 SL leistete 164 kW (223 PS)

Handarbeit: Das Stoffdach dieser Baureihe wurde noch manuell betätigt

1989 Die Baureihe R 129 rollt an

Der neue Roadster feierte seine Weltpremiere am 9. März 1989 auf dem Genfer Salon. Zum selben Datum lagen auch die Verkaufsprospekte und Preislisten bei den Händlern bereit. In der Preisliste »Personenwagen und Sonderausstattungen« waren Limousinen der Kompaktklasse Baureihe W 201, Limousinen und Kombis der mittleren Klasse (Baureihe 124), Limousinen der S-Klasse Baureihe 126, Coupés der mittleren Klasse (C 124) und der S-Klasse (C 126) und nun auch der als »Tourensportwagen« titulierte SL der Baureihe R 129 aufgelistet. Wobei die Modellvielfalt beim SL mit 300 SL (89.490 DM), 300 SL-24 (99.180 DM) und 500 SL (125.400 DM) anfangs noch recht übersichtlich war.

Mitte der 1980er-Jahre verfolgte die Unternehmensleitung unter der Führung des damaligen Vorstandsvorsitzenden Edzard Reuter die Strategie, aus dem reinen Automobilhersteller einen

Seltenes Bild: Anfangs waren die Lieferzeiten wegen der hohen Nachfrage lang, Standzeiten beim Händler gab es nicht

integrierten Technologiekonzern zu schaffen. Der Plan: Know-how aus der Elektronik- und der Luftfahrtindustrie zu gewinnen und für andere Unternehmensbereiche zu nutzen. So agierte die Daimler-Benz AG ab Juli 1989 als geschäftsführende Holding, unter deren Dach die Unternehmensbereiche AEG AG, die Deutsche Aerospace AG (DASA) und die neu gegründete Mercedes-Benz AG angesiedelt wurden. Der SL der Baureihe R 129 war damit das neueste Auto der neuen Mercedes-Benz AG. Und eine weitere Premiere: Diese Generation des SL wurde nicht mehr in Sindelfingen, sondern im Werk Bremen produziert. Da traditionell die USA ein sehr starker Markt für den SL waren, bot dieser Produktionsstandort als Exporthafen natürlich auch logistische Vorteile.

Am 24. Juni 1989 war Markteinführung in Deutschland - von den Kunden bereits heiß ersehnt, denn bis dahin lagen allein aus heimischen Landen schon über 10.000 Bestellungen vor. Die starke Nachfrage hielt an, sehr lange Lieferzeiten waren die Folge. Auch Sonderschichten im Werk Bremen konnten schließlich nicht verhindern, dass so mancher SL-Kaufvertrag für einen deutlich höheren Betrag als des eigentlichen Kaufpreises den Besitzer wechselte.

Im hohen Norden: Erstmals wurde ein Roadster von Mercedes-Benz im Werk Bremen gefertigt

Sportwagen mit Tradition: Die Baureihe R 129 mit drei ihrer vier Vorgänger-Baureihen

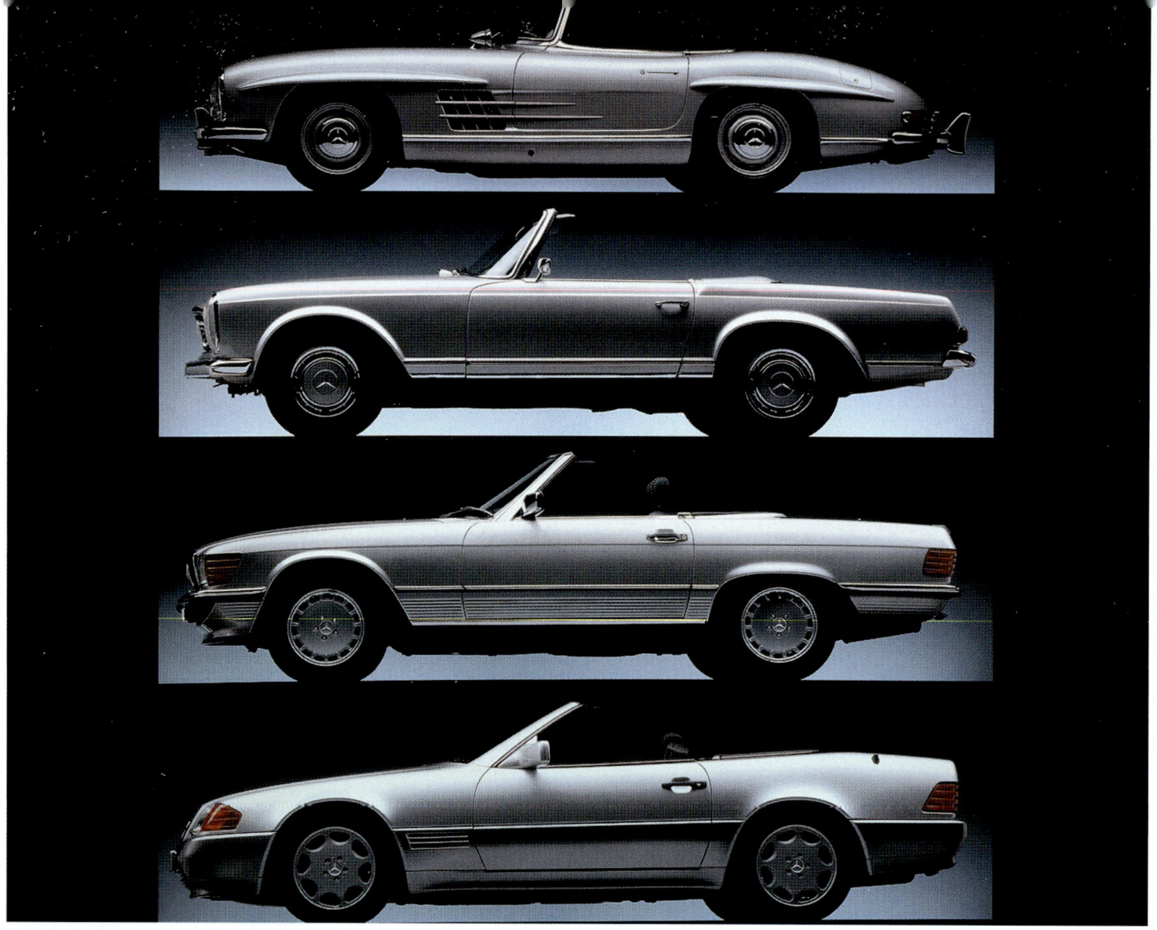

Frühes Stadium: Entwicklungsarbeit auch im Tiefschnee sorgte dafür, dass der SL ein echter Ganzjahres-Roadster wurde

Mercedes SL 280.

Ein Sommernachtstraum.

► Vor ungefähr 90 Jahren bestand ein Automobil im wesentlichen aus Rahmen, Karosserie, Motor, Lenkrad, Rädern und ähnlich wichtigen Bauteilen. So auch der erste Mercedes, der wegen seiner vereinfachten Bedienbarkeit den originellen Beinamen Simplex trug. Einfach am Simplex war allerdings auch sein Dach: Es war einfach nicht vorhanden.

► Wenngleich wir uns bei Mercedes-Benz schon vor Jahren angewöhnt haben, unsere Automobile serienmäßig mit einem festen Dach auszurüsten, haben wir den Simplex nie vergessen. Deswegen bauen wir immer auch Autos, bei denen Sie in den Genuß von Wind und Sonne kommen können.

► Unseren schönsten offenen Zweisitzer haben wir mit einem elektrohydraulisch zu betätigenden Faltdach ausgerüstet. Ein Knopfdruck genügt, um es in nur 30 Sekunden aufzuklappen. Zusätzlich ist jeder SL noch mit einem 33,5 kg leichten Hardtop ausgerüstet. Schließlich soll er ja nicht nur in Sommernächten, sondern auch während der Wintermonate ein traumhaft schönes Erlebnis für Sie sein.

Mercedes-Benz

Ihr guter Stern auf allen Straßen.

Voller Durchblick: Solche Schnittzeichnungen hatten bei Mercedes-Benz in der Pressemappe Tradition. Nicht viele Automobilhersteller betrieben einen solchen Aufwand

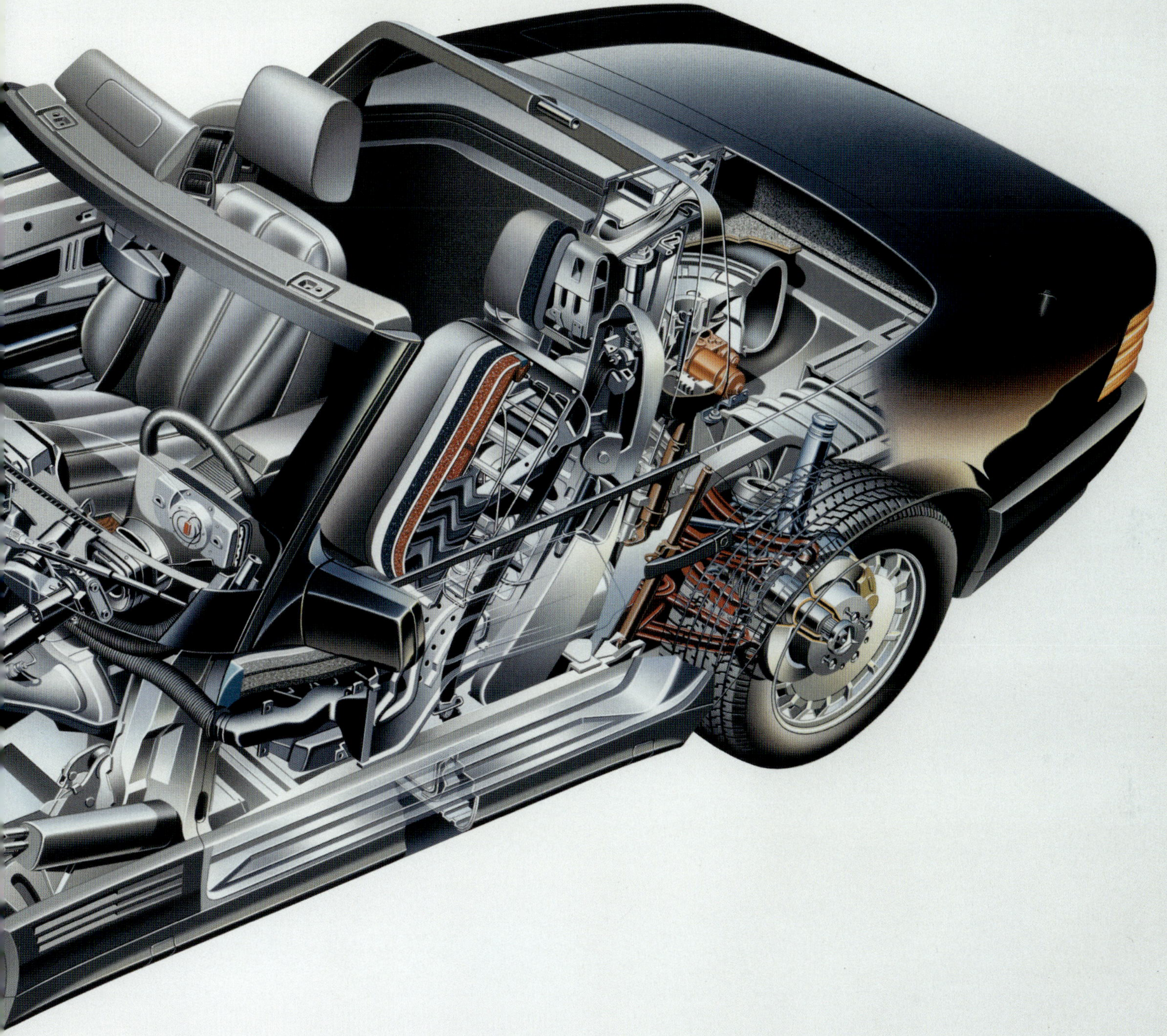

Südliche Wärme: Die Pressefotos entstanden in Portugal, im Hintergrund die Christusstatue (»Christo Rei«) von Lissabon

Nicht untermotorisiert: Basismodell war zunächst der 300 SL mit dem 190 PS (140 kW) starken Dreiliter-Sechszylinder-Motor der Baureihe M 103

Am Ziel: Als der R 129 vorgestellt wurde, hatten Erprobungsträger und Prototypen rund fünf Millionen Kilometer abgespult

Spiegel ihrer Zeit Nr. 1: Blaukarierte Stoffsitze waren damals der letzte Schrei. Dennoch zogen die meisten Käufer eine wetterfestere Lederausstattung vor

Gestrippt: Der R 129 hatte gegenüber der Vorgänger-Baureihe um rund 200 Kilogramm zugenommen – was auch an der umfangreichen elektronischen Ausstattung lag

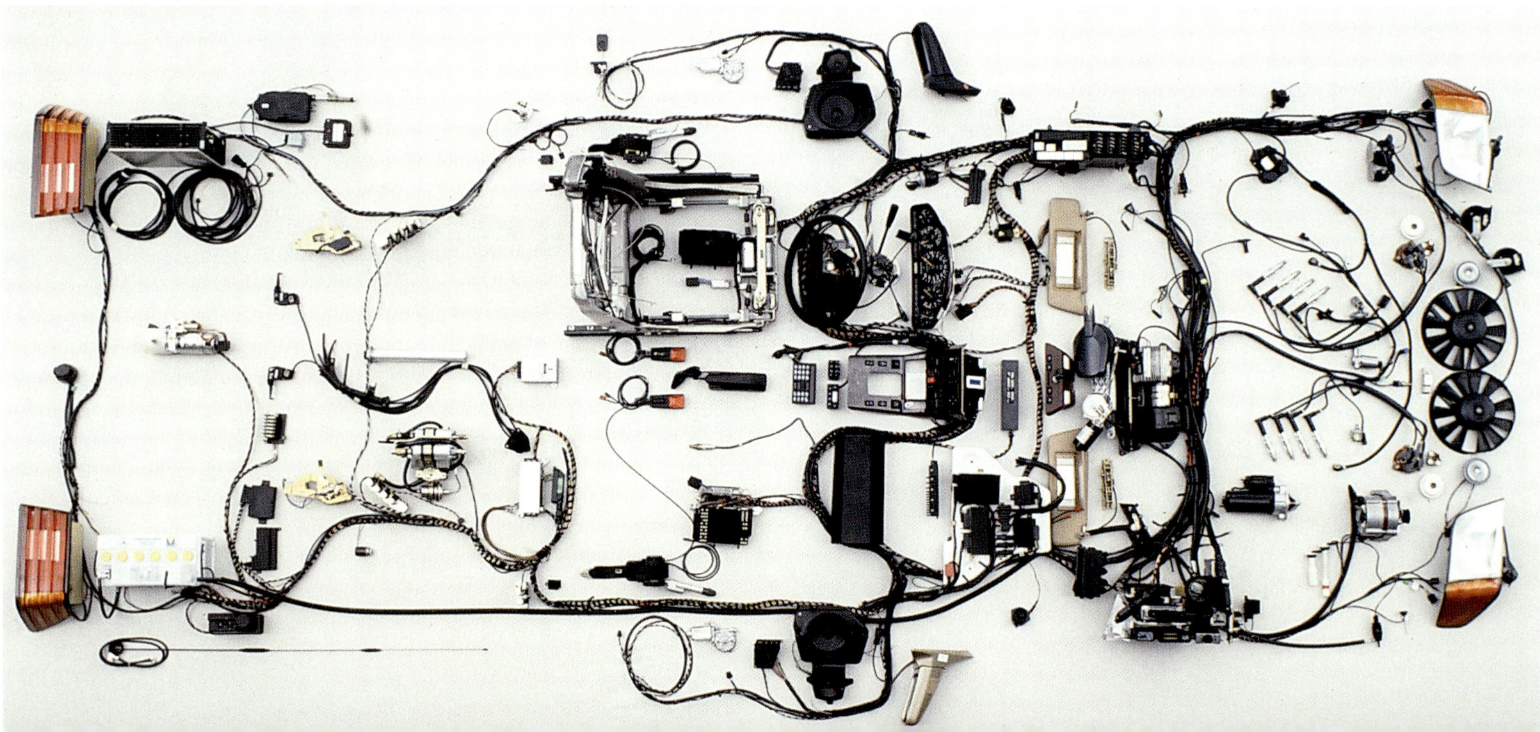

Spiegel ihrer Zeit Nr. 2: Breite Schulterpolster und Schleife zur Bluse waren damals topaktuell.
Im Gegensatz dazu ist der R 129 zeitlos und auch nach 30 Jahren nicht aus der Mode gekommen

Einblick: auch aus dieser Perspektive eine stattliche Erscheinung. Gut zu erkennen die wuchtigen Integralsitze und der aufstellbare Überrollbügel

Völlig winterfest: Dank des Hardtops und einer leistungsstarken Heizung taugte der R 129 natürlich auch für Ausflüge in den Schnee – ein echter Ganzjahresroadster

Zeitlose Aufforderung: Während der SL oben heute für die meisten unerschwinglich ist, kann man immer noch beim R 129 zuschlagen. Aber auch seine Preise steigen

twas zu jung.

Sie zu alt sind.

► Doch, es gibt ihn noch. In verschwiegenen Scheunen in den schottischen Highlands. In klimatisierten Garagen in Beverly Hills. Und wenn Sie Glück haben, treffen Sie ihn vielleicht einmal persönlich auf der Straße: den Mercedes 300 SL Roadster von 1957 – 6 Zylinder, 215 PS (ja, damals gab's noch PS, heute wären das 158 kW), über 240 km/h schnell. Wer heute einen besitzt, hatte entweder richtig Dusel – oder den richtigen Riecher. Denn wir haben den 300 SL Roadster von 1957 bis 1963 nur ein paar tausendmal gebaut.

► Viele glauben, das waren zuwenig. Wir wissen: Damals waren es genug. Denn eine Legende bleibt nur dann lebendig, wenn man sie immer wieder aufs neue erzählt. So haben wir den SL in den letzten Jahrzehnten kräftig weiterentwickelt. Mit dem Ergebnis, daß sich in 30 Jahren eigentlich nicht viel geändert hat: Der SL von heute ist wie sein Vorgänger das bewegendste Cabriolet seiner Zeit.

► Wenn Sie also damals zu jung waren, dann bedeutet das nicht, daß es heute zu spät ist. Es heißt vielmehr: jetzt oder nie!

Mercedes-Benz
Ihr guter Stern auf allen Straßen.

Der neue SL von außen

Das Design zeigte im Vergleich zum Vorgänger mit seinen schnörkellosen Linien und der leicht keilförmigen Karosserie sprichwörtlich Kante. Im Zusammenspiel der langgestreckten Motorhaube mit einem stilistisch neu interpretiertem SL-Grill, der sehr schräg stehenden Windschutzscheibe, dem kurzen gedrungenen Dachaufbau, den sportlich ausgestellten Radläufen und dem kompakten Heck ergab sich eine sehr harmonische Gesamtwirkung. Das Team um den damaligen Design-Chef Bruno Sacco hatte die Gratwanderung geschafft: Dieser Sportwagen sah eindeutig anders aus als sein Vorgänger, war aber dennoch auf den ersten Blick als ein typischer SL zu erkennen.
Die augenfälligste Innovation der Baureihe R 129 war das neue vollautomatische Faltverdeck. Durch Betätigung eines Schalters öffnete sich das serienmäßige Stoffverdeck in 30 Sekunden und legte sich aufwändig gefaltet im Verdeckkasten ab. Währenddessen senkten sich die Seitenscheiben und der Überrollbügel und kehrten nach erfolgter Dachöffnung wieder in ihre Ausgangsposition zurück. Bei der Schließung des Dachs erfolgte der Vorgang in umgekehrter Reihenfolge. Für die ordnungsgemäße Bewegung des Dachs sorgte ein ausgefeiltes Steuersystem: Die elektrisch angetriebene Hydraulikpumpe in der Reserveradmulde betrieb eine eigene Hydraulikanlage mit 15 Druckzylindern und 11 Magnetventilen. Ein Mikroprozessor steuerte dabei mithilfe von 17 Endschaltern den korrekten Bewegungsablauf.
Das schlimmste Szenario für einen Unfall in einem offenen Auto war immer schon ein Überschlag. Um den Überlebensraum der Fahrgäste im Falle eines solchen Unfalls zu sichern, wurde im neuen SL - erstmals im Automobilbau - ein automatischer Überrollbügel eingesetzt. Im Ruhezustand lag der Bügel, der aus einem U-förmigen umschäumten hochfesten Stahlrohr bestand, vor dem Verdeckkasten und fügte sich so nahtlos in die Linie des SL ein. Registrierte das dazugehörige elektronische Steuergerät

Machte immer eine gute Figur: egal, ob mit Hut aus Leichtmetall, mit Mütze aus Stoff oder offen

Zeitlos im Auftritt: Der SL der Baureihe R 129 zeigte sich statusbewusst, ohne dabei protzig zu wirken. Und er schaffte das Kunststück, aus allen Perspektiven zu repräsentieren

eine kritische Fahrsituation, die zu einem Überschlag führen könnte, stellte sich der Bügel innerhalb von 0,3 Sekunden durch die Kraft vorgespannter Federn auf und wurde durch Sperrklinken gesichert. Der Bügel konnte aber auch außerhalb von Notsituationen per Bedienschalter über ein Hydraulikelement langsam aufgestellt und wieder abgelegt werden.
Die Sonderausstattung »Windschott« war eine weitere Innovation, die erstmals in der Baureihe R 129 zum Einsatz kam. Das eingerahmte luftdurchlässige Gitter, das sich mit wenigen Handgriffen hinter den Vordersitzen befestigen ließ, mochte zwar etwas unscheinbar aussehen, brachte aber enorme Vorteile beim Fahren ohne Verdeck. So verringerte es die Luftverwirbelungen im Fahrzeuginnenraum ganz erheblich. Durch die reduzierte Verwirbelung blieb warme Luft länger im Innenraum, die Heizleistung verbesserte sich, und dies machte das Fahren mit offenem Dach bei kühleren Temperaturen deutlich komfortabler. Außerdem, weniger Wirbel machen weniger Geräusche: Im offenen SL ging es nun deutlich leiser zu - ein weiterer Komfortgewinn.

Dank des Überrollbügels brauchte das Hardtop nun keine Sicherheitsaufgaben mehr zu übernehmen. Daher konnte es aus leichtem Aluminium gefertigt werden, wog so nur noch 34 Kilogramm und war trotz größerer Fensterflächen gegenüber dem Dach des Vorgängers rund zehn Kilogramm leichter.
Der Besitzer tat übrigens dem Softtop keinen Gefallen, wenn er immer nur mit dem Hardtop fuhr, um das Stoffdach zu schonen. Ganz im Gegenteil: Die permanente Lagerung im Verdeckkasten sorgte nicht nur für dauerhafte Knicke im Verdeckstoff, sondern auch für Brüche und Knicke in den Kunststoffscheiben. Außerdem hielt eine gelegentliche Betätigung des Verdeckmechanismus die Dichtungen in den Hydraulikschlössern geschmeidig und damit dicht.
Das Hardtop gehörte übrigens, wie seit 1980 beim Vorgänger R 107, immer zur Serienausstattung des R 129; von März 1991 bis Januar 1993 konnte der SL auch ohne festes Dach bestellt werden, um den Kaufpreis zu senken.

Attrappe: Die Öffnungen in den Kotflügeln hatten keine technische Funktion, sahen aber gut aus

Auslöser: Dieser Schalter setzte 15 hydraulische Druckzylinder und 11 Magnetventile in Bewegung

Faltkunst: Das Stoffverdeck brauchte 30 Sekunden, um sich ordentlich im Verdeckkasten zu verstauen. Die Bewegungsabläufe wurden dabei von einem Mikroprozessor über 17 Endschalter dirigiert

Unscheinbar: Im abgelegten Zustand verschwand der Überrollbügel bündig mit der Oberfläche des Verdeckkastens

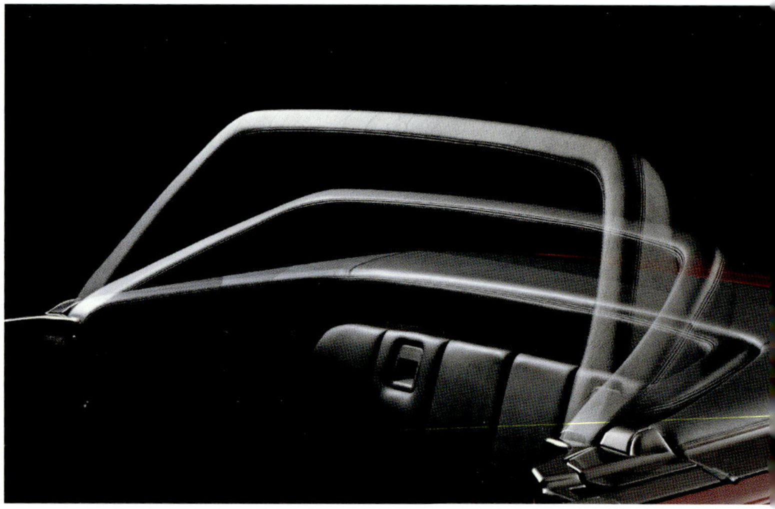

Blitzschnell: Im Falle eines Falles stand der Bügel in 0,3 Sekunden

Auch ohne Notsituation: Der Bügel ließ sich auch von Hand aufstellen

Massiv verankert: sonst würde auch der stärkste Überrollbügel nichts nutzen

Verdient: Für eine solche Neuheit durfte man auch ruhig mal auf einer Doppelseite Werbung schalten

Schluss mit Wirbel: Das Windschott machte das Offenfahren deutlich komfortabler

Leichtgewicht: Dank der Fertigung aus Aluminium wog das Hardtop nur 34 Kilogramm

Das Stoffdach zum Vergleich: etwas weniger Fensterfläche als das Hardtop. Aber sein unschätzbarer Vorteil war, dass man es stets dabei hatte. Deutlich sichtbar die zwei Nähte der ersten Stoffdachgeneration

Für den, der schon alles hatte: Spezialkran für das Hardtop aus dem Zubehör – sinnvoll insbesondere bei dem ab 1996 lieferbaren Glasdach

Der neue SL von innen

Damals gehörten bei exklusiven Automobilen von Mercedes-Benz fünf Rundinstrumente einfach zum guten Ton – da sollte auch der SL keine Ausnahme machen. Der große Tacho mit der gelb schraffierten Fläche für Stadtgeschwindigkeiten lag zentral im Blickfeld des Fahrers. Rechts daneben fand sich der Drehzahlmesser, links daneben eine Kombianzeige für Kühlwassertemperatur, Öldruck und Momentanverbrauch. Ganz rechts war eine Uhr angeordnet, ganz links die Füllstandsanzeige des Tanks. Vor dieser übersichtlichen Informationsfülle saß das Lenkrad der damals aktuellen S-Klasse der Baureihe 126, welches gegen Aufpreis mit einem Airbag ausgestattet werden konnte. Die Hupe wurde hier durch Drücken der Prallplatte betätigt.
Die Belüftungsdüsen mit den auffallend großen Austrittsöffnungen sorgten für eine möglichst zugfreie Klimatisierung des Innenraums.

Eckige Angelegenheit: Das Interieur zeigte sich, wie auch die äußere Formgebung, betont kantig. Die Farbgebung dieses Interieurs dürfte heute auf dem Gebrauchtmarkt eher selten zu finden sein, da es sich hier um ein 1:5-Modell handelt

Auch die Mittelkonsole zeigte Kante: Man erinnert sich an den alten Werbespruch »quadratisch, praktisch, gut«

Alles im Blick: Auf fünf Rundinstrumente verteilt fanden sich übersichtlich alle wichtigen Informationen. Das Lenkrad stammte aus der S-Klasse

Gleich 20 Patente für Detaillösungen steckten in der neuen Sitzgeneration namens Integralsitz. Das Besondere und Namensgebende an diesem neuen Sitzkonzept war, dass in den serienmäßig vollelektrisch verstellbaren Sitzen das Dreipunkt-Gurtsystem mit Gurtstraffer sowie die Gurthöhenverstellung mit gekoppelter Kopfstützenverstellung integriert waren. Die Koppelung von Kopfstütze und Gurthöhe sorgte für ein optimales Anliegen der Gurte und somit für eine erhöhte Insassensicherheit. Der serienmäßige Gurtstraffer zog im Gefahrenfall den Gurt blitzschnell an den Körper. Der Sitz war nicht nur dafür ausgelegt, im Crashfall deutlich höhere Kräfte aufzunehmen als ein herkömmliches Gestühl, sondern sogar ein Vielfaches der möglichen auftretenden Kräfte. Grund für die üppige Dimensionierung war, dass die Befestigungspunkte des Gurtes nun nicht mehr an der Karosserie, sondern am Sitz selbst befestigt waren. Beachtlich: Trotz der deutlich höheren Belastbarkeit und der integrierten Funktionen wog der Sitz nur fünf Kilogramm mehr als eine herkömmliche Konstruktion, da Sitzgestell und -lehne aus leichten Magnesium-Druckgussteilen bestanden.

Wie es sich für einen Roadster der gehobenen Preisklasse gehört, fiel schon die Grundausstattung ab Werk üppig aus. So war jeder SL zum Beispiel mit elektrischen Fensterhebern, einer elektropneumatischen Zentralverriegelung, einem Antiblockiersystem, beheizten Außen- und Innenspiegeln, einer beheizten Scheibenwaschanlage und elektrisch verstellbaren Sitzen ausgestattet.

Die Bezeichnung »Tourensportwagen« in der Preisliste war ein durchaus treffender Begriff, denn bei einem reinrassigen Sportwagen wäre wohl kaum die Sonderausstattung »zwei Kindersitze anstelle Gepäckablage« denkbar gewesen. Oder die »Anhängevorrichtung mit abnehmbarem Kugelhals«, die für alle SL außer dem 1992 eingeführten 600er bestellbar war. Übrigens sollte der R 129 die letzte SL Baureihe sein, die sich mit einer Anhängekupplung ab Werk ausrüsten ließ.

Fest verbunden: Die Koppelung von Kopfstütze und Gurthöhe sorgte beim Integralsitz für ein stets optimales Anliegen der Gurte

Innovationsträger: 20 Patente für Detaillösungen steckten im neuen Integralsitz

Platz für den Nachwuchs: Anstelle des Gepäckraums hinter den Sitzen ließ sich der SL gegen Aufpreis auch mit zwei Kindersitzen ausstatten. In den späteren Preislisten wurden diese als Notsitze bezeichnet

Unter der Haube

Im 300 SL verrichtete ein alter Bekannter seinen Dienst: der Dreiliter-Reihensechszylindermotor mit der internen Bezeichnung M 103. Dieser Motor war für seine Laufruhe bekannt und leistete schon seit einigen Jahren in diversen Baureihen seinen Dienst, unter anderem auch im gleichnamigen Vorgängermodell der Baureihe R 107. Für den Einsatz im neuen SL erfuhr dieser Motor allerdings einige Überarbeitungen, wie zum Beispiel eine Umgestaltung der Brennräume. Für die Leistungssteigerung von 132 kW (180 PS) auf 140 kW (190 PS) zeichneten aber vor allem der nun zweiflutige Katalysator und der größere Querschnitt der Abgasrohre verantwortlich. An diesem Motor gehörten zwar dank Hydrostößeln Einstellarbeiten an den Ventilen schon der Vergangenheit an, doch das Alter seiner Konstruktion zeigte sich zum Beispiel daran, dass die obenliegende

Alter Bekannter: Der Motor des 300 SL hatte schon im Vorgänger seinen Dienst getan – allerdings mit 8 kW (10 PS) weniger

Nockenwelle nur je ein Einlass- und ein Auslassventil pro Zylinder steuerte. Immerhin: Der neue 300 SL erreichte mit dem serienmäßigen Fünfgang-Schaltgetriebe eine Höchstgeschwindigkeit von 228 km/h, mit dem optionalen Viergang-Automatikgetriebe reichte es noch für respektable 223 km/h.
Da setzte der 300 SL-24 mit seinen zwei obenliegenden Nockenwellen und vier Ventilen pro Zylinder einen drauf: Der Reihenmotor mit der internen Typbezeichnung M 104 war mit seinen 170 kW (231 PS) der seinerzeit leistungsstärkste Sechszylinder von Mercedes-Benz. In den Triebwerkteilen entsprach der Vierventilmotor weitgehend seinem Zweiventil-Pendant, neu aber waren der Zylinderkopf und die erstmals bei Mercedes-Benz eingesetzte verstellbare Einlassnockenwelle. In Verbindung mit einer höheren Verdichtung und einer elektronischen Zündanlage mit Antiklopfregelung leistete der Vierventiler 30 kW (41 PS) mehr als der Zweiventiler – und das bei nahezu identischem Benzinverbrauch. Die Höchstgeschwindigkeit mit dem serienmäßigen Fünfgang-Schaltgetriebe betrug 240 km/h.
Auch der 240 kW (326 PS) starke V8-Motor M 119 im Topmodell 500 SL war die Weiterentwicklung eines bereits bestehenden Motors, dem bereits seit über zehn Jahren bewährten M 117. Dieser Motor trieb einige Oberklasse-Modelle von Mercedes-Benz an, unter anderem auch den 164 kW (223 PS) starken Vorgänger gleichen Namens. Weitgehende Modifikationen an Kurbelgehäuse, Kurbelwelle und Pleuelstangen sorgten für die nötige Stabilität und Standfestigkeit. Für die gewaltige Mehrleistung von 76 kW (103 PS) sorgten zwei Vierventil-Zylinderköpfe mit verstellbaren Einlass-Nockenwellen, eine elektronische Zündanlage mit Antiklopfregelung und ein neuer Zwei-Platten-Luftfilter mit verringertem Saugwiderstand. Wie die beiden Sechszylinder-Aggregate erhielt auch der Vierventil-V8 unter Wegfall des Vorkatalysators einen zweiflutigen Katalysator mit größerem Querschnitt. Damit war der 500 SL der seinerzeit leistungsstärkste Serien-Pkw von Mercedes-Benz. Aus dem Stand beschleunigte das Topmodell in 6,2 Sekunden auf 100 km/h, die Höchstgeschwindigkeit war elektronisch auf 250 km/h begrenzt. Der Motor erwies sich als so kräftig, dass es in punkto Fahrleistungen kaum eine Rolle spielte, ob ein Beifahrer an Bord war oder nicht.
Alle Modelle verfügten über einen 80-Liter-Tank, womit bei den Sechszylindern Reichweiten von rund 800 Kilometern mit einer Tankfüllung, bei einem Achtzylinder von über 600 Kilometern möglich waren.

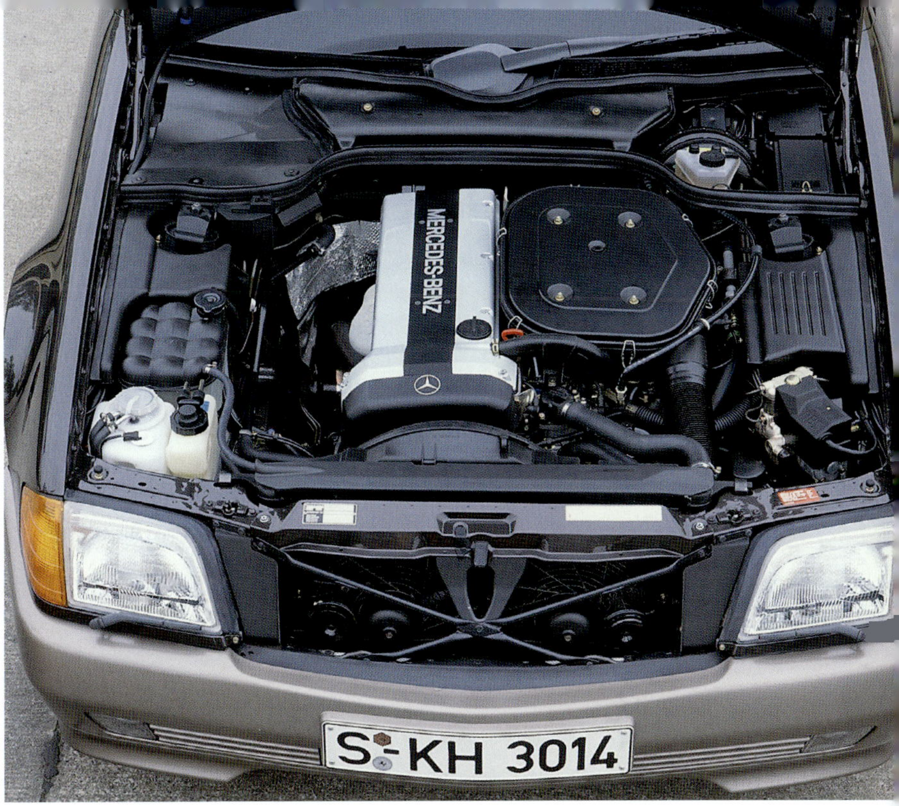

Leistungsstärkster Sechszylinder: Der M 104 im 300 SL-24 leistete 170 kW (231 PS). Der Dank war eine Höchstgeschwindigkeit von 240 km/h

Kraftmeier: Der V8-Motor M 119 des 500 SL leistete 240 kW (326 PS). Gegenüber seinem Vorgänger hatte er sich 76 kW (103 PS) antrainiert

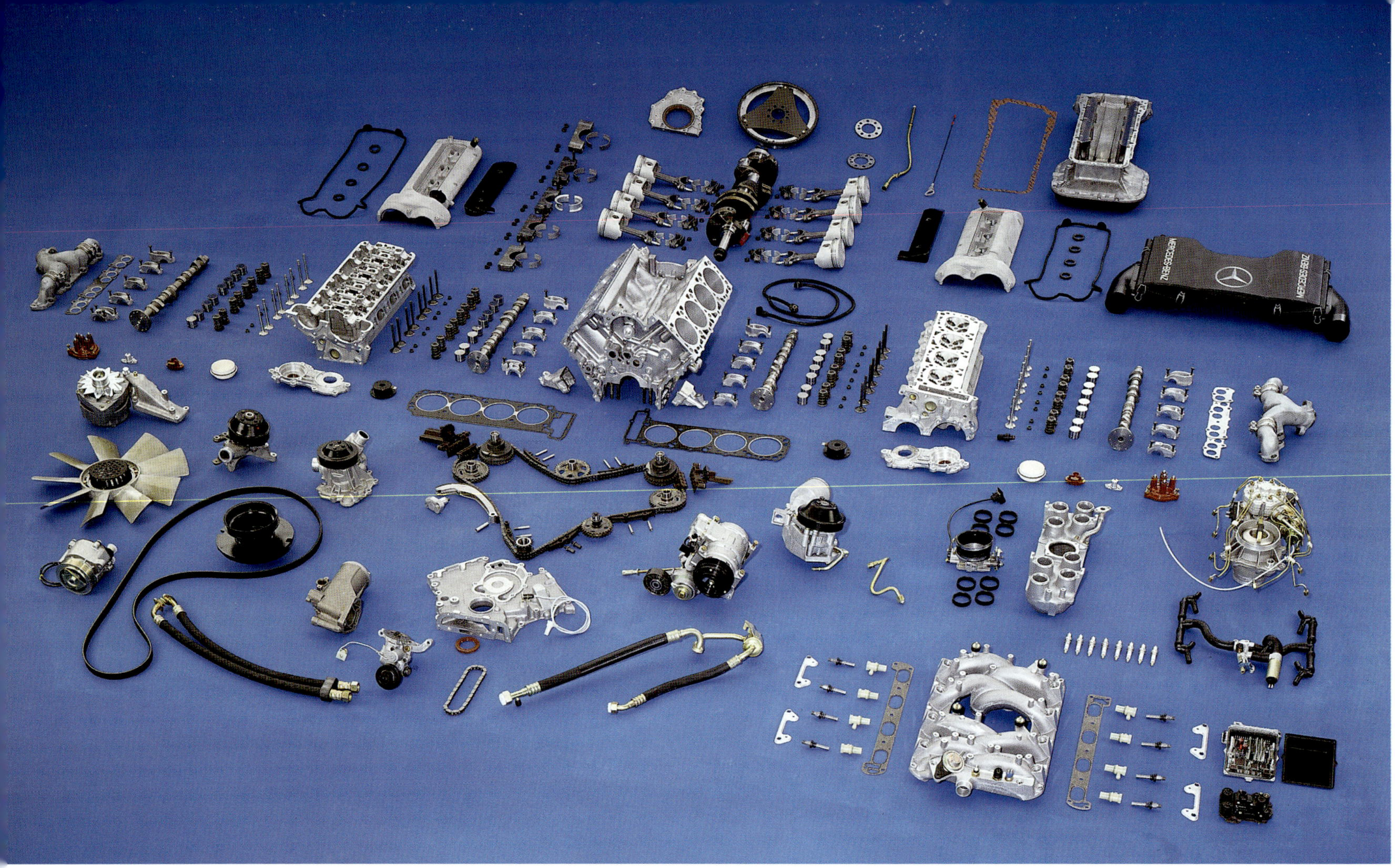

Kraftmeier zerlegt: Hauptsächlich die zwei Vierventil-Zylinderköpfe mit verstellbaren Einlass-Nockenwellen sorgten im 500 SL für Druck

Karosserie und Fahrwerk

Design hat durchaus auch funktionelle Aufgaben, denn eine Karosserie mit geringem Luftwiderstand erhöht die Fahrleistungen und senkt den Verbrauch. In dieser Beziehung hatten die Designer und Ingenieure sehr gut zusammengearbeitet, denn der neue SL schnitt beim cW-Wert selbst mit offenem Dach und heruntergelassenen Scheiben noch besser ab als der Vorgänger R 107 mit montiertem Hardtop (0,429 statt 0,438). Mit montiertem Hardtop sank dieser Wert beim neuen SL sogar auf 0,315.

Der Bau eines offenen Fahrzeugs stellt die Konstrukteure stets vor besondere Herausforderungen. Schließlich gilt es, das Fehlen des stabilisierenden Dachverbands durch anderweitige Maßnahmen auszugleichen, da offene Fahrzeuge naturgemäß mehr zu Verwindungen und Schwingungen neigen als geschlossene. Durch einen besonders steifen Boden und eine ausgeklügelte Türkonstruktion sowie weitere konstruktive Maßnahmen reduzierte sich die Torsionssteifigkeit gegenüber dem Vorgängermodell nochmals um 30 Prozent und erreichte so tatsächlich eine Gesamtsteifigkeit, die an die einer Limousine herankam. Durch die großflächige Verwendung von Aluminium und die einsatzgerechte Verwendung hochfester Bleche wog der Rohbau lediglich 405 Kilogramm und damit trotz erheblich verbesserter Struktursicherheit nur 20 Kilogramm mehr als der des Vorgängers.

Auch in Punkto passive Sicherheit hatte Mercedes-Benz bei der

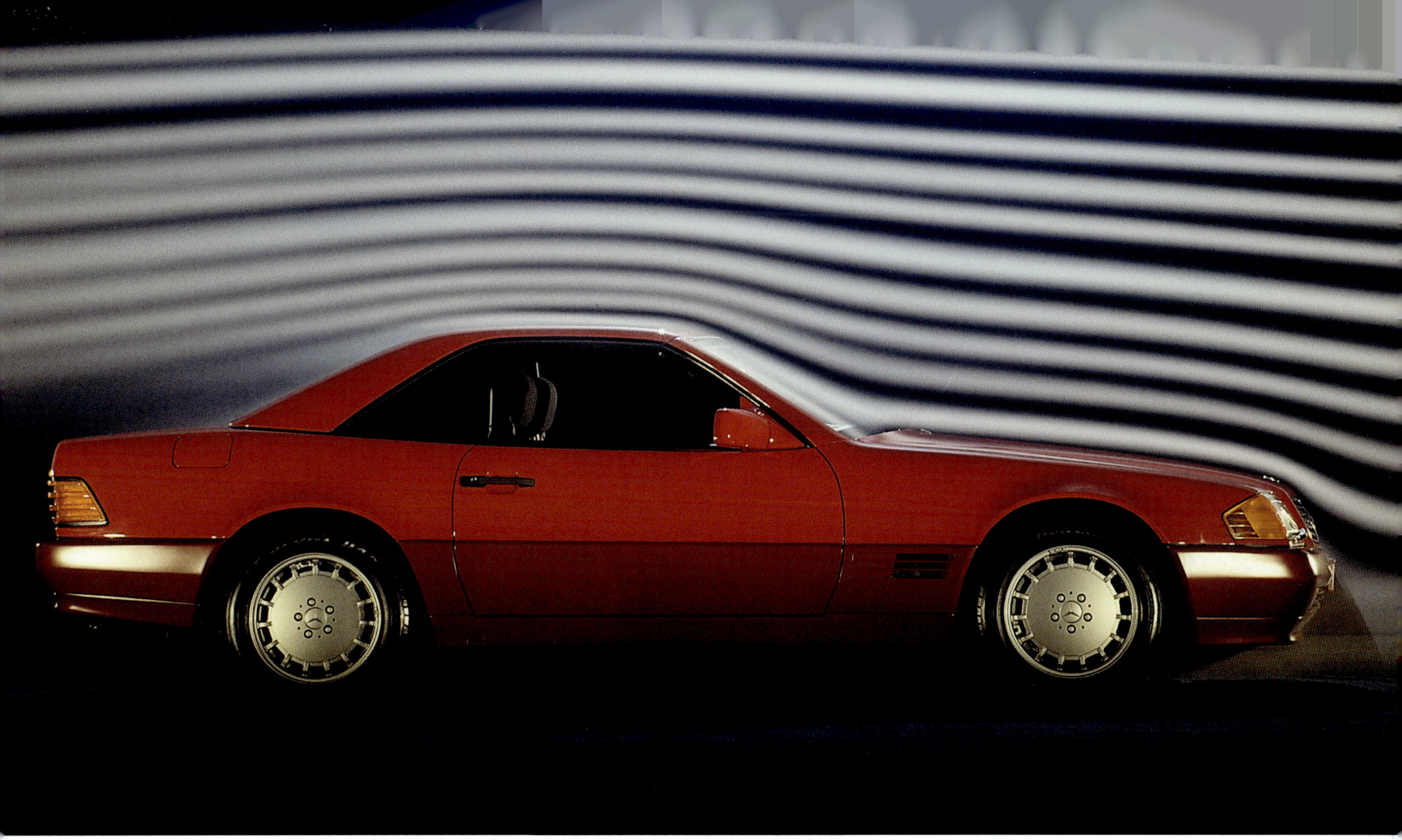

Quantensprung: Der cw-Wert mit montiertem Hardtop betrug beim R 129 0,315 – Welten besser als die 0,438 des Vorgängers

Entwicklung ganze Arbeit geleistet. So sorgte eine Weiterentwicklung des bereits in den Limousinen-Baureihen bewährten Vorbaukonzepts bei einer versetzten Frontalkollision dafür, dass auch die stoßabgewandte Seite einen Teil der Kollisionsenergie aufnahm. Mit großem Entwicklungsaufwand war es gelungen, den hohen Sicherheitsstandard bei Limousinen und Coupés auch im SL zu erreichen, denn schließlich muss auch in einem offenen Fahrzeug bei einem Unfall die Fahrgastzelle formstabil bleiben. Auch hier spielte der steife Boden im wahrsten Sinne des Wortes eine tragende Rolle.

Die Kombination von Dämpferbein-Vorderachse und Raumlenker-Hinterachse, wie man sie im SL fand, hatte sich schon in anderen Modellreihen von Mercedes-Benz bewährt, nämlich den Baureihen W 201 und 124 (Vorläufer der C-Klasse und E-Klasse). Die Raumlenkerachse setzte Mercedes-Benz bereits seit 1982 ein. Dadurch, dass sich die Hinterräder auf unebener Fahrbahn nur auf einer genau definierten Raumkurve bewegen konnten, weil sie nämlich präzise von fünf Lenkern geführt wurden, ergaben sich sehr sichere Fahreigenschaften. Außerdem reduzierte diese Konstruktion das Eintauchen des Hecks beim Anfahren und Beschleunigen sowie das Anheben des Hecks beim Bremsen ganz erheblich.

Alle Modelle der Baureihe R 129 waren serienmäßig mit 16-Zoll-Leichtmetallrädern im 15-Loch-Design und Reifen der Dimension 225/55 ZR 16 ausgerüstet. Die großen Räder erlaubten den Einbau üppig dimensionierter Scheibenbremsen mit 300 Milli-

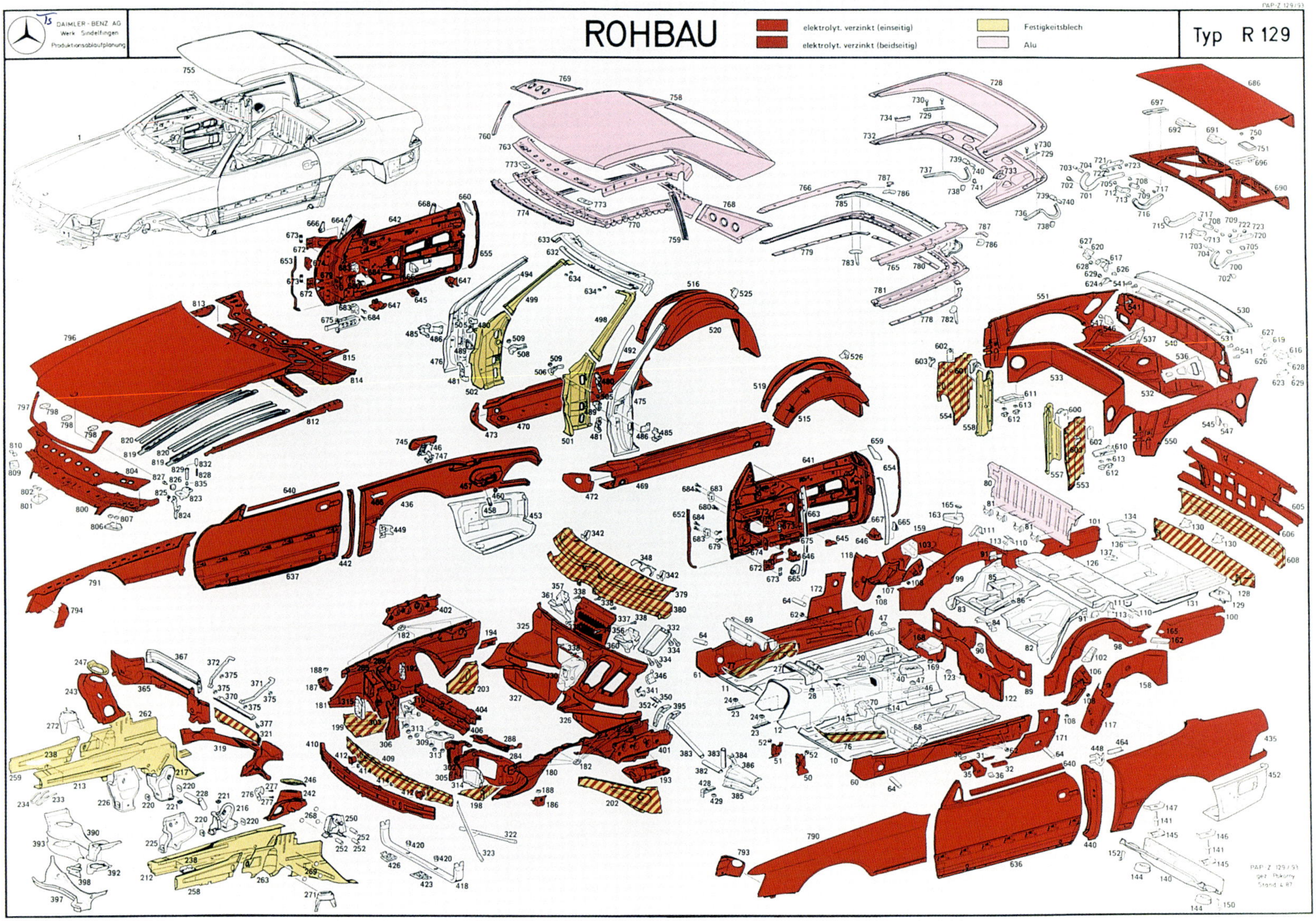

Leichtgewicht: Durch die großzügige Verwendung von Aluminium wog der Rohbau des R 129 nur 405 Kilogramm. Das waren zwar 20 Kilogramm mehr als beim Vorgänger, aber dafür war der neue Rohbau auch deutlich stabiler

metern Durchmesser vorn und 287 Millimetern hinten. Erstmals bei einem Mercedes-Benz sorgten an den vorderen Scheiben Bremszangen mit je vier Kolben mit paarweise unterschiedlichen Durchmessern für Verzögerung. Diese Konstruktion gewährleistete einen gleichmäßigeren Verschleiß der Bremsbeläge und eine bessere Ausnutzung des Belagvolumens.

Weltpremiere hatte im neuen SL die Sonderausstattung mit der Bezeichnung »Niveau-Einstellung und –Regulierung an Vorderachse und Hinterachse mit adaptivem Dämpfungssystem (ADS)«. Mit diesem neuen Zusatzsystem markierte Mercedes-Benz den seinerzeit modernsten Stand der Fahrwerktechnik, denn hinter diesem etwas sperrigen Namen verbargen sich gleich drei Teilsy-

Versetzte Frontalkollision: Auch die vom Aufprall nicht betroffene Seite konnte einen Teil der Kollisionsenergie aufnehmen

Doppelt ungewöhnlich: erstens, dass über einer englischsprachigen Anzeige eine deutsche Überschrift steht. Und zweitens, dass mit Crashbildern für einen Roadster geworben wird.

Dachfalltest: Bei einem Überschlag ist es lebenswichtig, dass der Kopfraum der Passagiere erhalten bleibt

steme. Zunächst die Niveau-Einstellung und –Regulierung, bei der der Fahrer das Fahrzeugniveau per Knopfdruck um 30 Millimeter anheben konnte, zum Beispiel zum Befahren von schlechten Straßen. Dieses Niveau blieb konstant, auch wenn zum Beispiel ein 150 Kilogramm schwerer Beifahrer zustieg. Das zweite Teilsystem war für eine geschwindigkeitsabhängige Niveauverstellung zuständig. So sorgte bei Geschwindigkeiten von über 120 km/h eine automatische Absenkung des Fahrzeugs um 15 Millimeter unter Normalniveau für eine Erhöhung der Fahrstabilität und gleichzeitige Verringerung des Luftwiderstands. Das dritte Teilsystem, das Adaptive Dämpfungs-System ADS, stellte automatisch eine von vier bedarfsgerechten Dämpfungshärten ein. Der Bedarf wurde von fünf Sensoren ermittelt, die die Vertikalbeschleunigung von Rad und Aufbau, die Fahrgeschwindigkeit, den Lenkradwinkel und die Beladung erfassten. Ein elektronisches Steuergerät verarbeitete die Sensor-Signale, berechnete die in diesem Moment optimale Dämpfereinstellung und leitete entsprechende Steuersignale an Magnetventile im Hydrauliksystem weiter, durch deren Öffnen oder Schließen die Dämpfung der verstellbaren Stoßdämpfer verändert wurde. Dieses geschah im Bruchteil einer Sekunde und war für die Insassen nicht spürbar.

Vorn: Dreieckslenker mit Feder und separatem Dämpfer

Hinten Raumlenkerachse. Für die, die alles wissen wollen: Die fünf Lenker heißen Federlenker, Zugstrebe, Schubstrebe, Sturzstrebe und Spurstange

Serienausstattung: Durch die Verwendung großer 16-Zoll-Räder (der Vorgänger rollte noch auf 14-Zöllern) ließen sich auch üppig dimensionierte Scheibenbremsen mit 300 Millimeter Durchmesser unterbringen

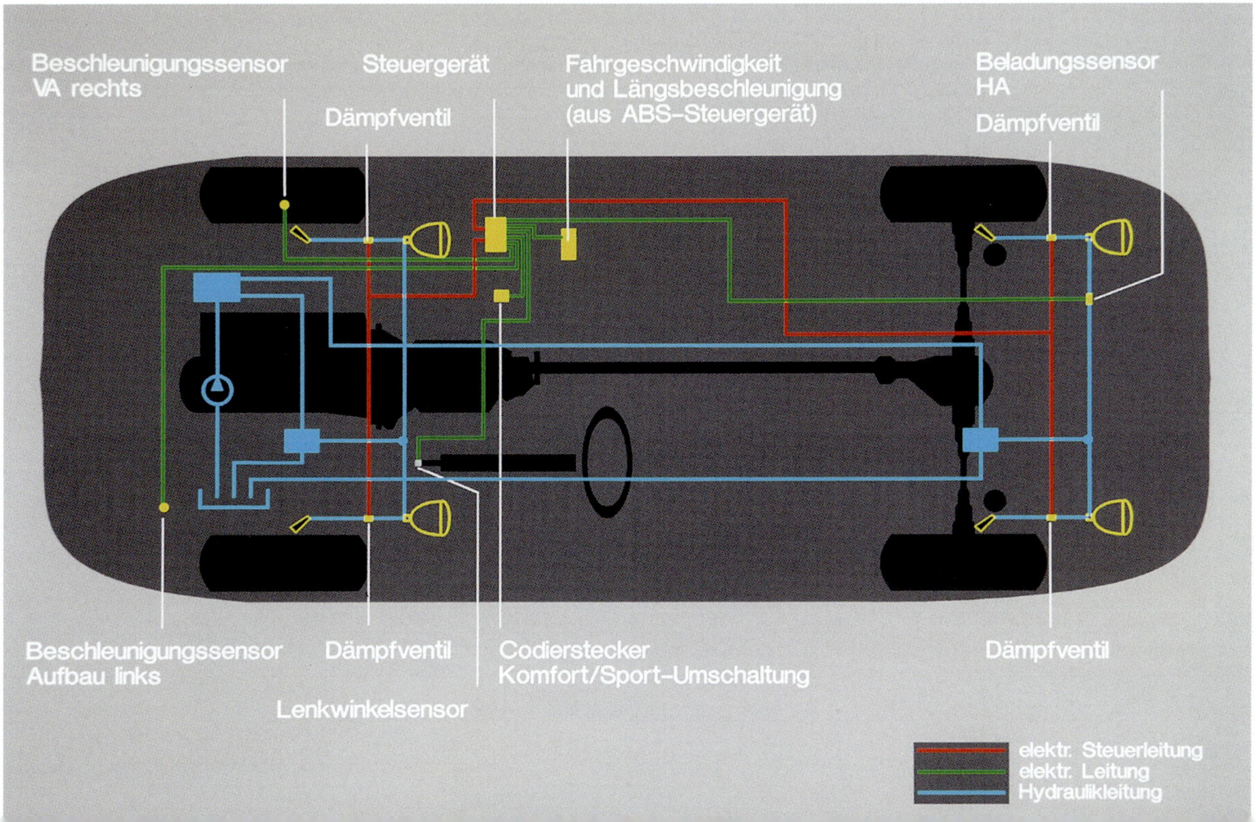

Funktionsschema ADS: Das System passte während der Fahrt ständig die Dämpfer-Charakteristik dem aktuellen Bedarf an. Bei kleinen oder kurzen Straßenunebenheiten waren die Dämpfer auf weich gestellt, bei langen Bodenwellen auf eine der härteren Stufen, ebenso bei einem Ausweichmanöver, bei Kurvenfahrt bei starkem Beschleunigen oder Bremsen oder bei hoher Beladung

1991 Erstmals »AMG« auf dem Heckdeckel

Im Oktober 1990 hatte die Mercedes-Benz AG mit AMG in Affalterbach ein Kooperationsvertrag über Entwicklung, Vertrieb und Service von Personenwagen unterschrieben. In der SL-Modellpalette war das erste offizielle Produkt dieser Kooperation, sichtbar am AMG-Schriftzug auf dem Heckdeckel, der 500 SL 6.0 AMG. Antriebsbasis war der ursprünglich 240 kW (326 PS) starke V8-Motor des 500 SL, der im schwäbischen Affalterbach um gut einen Liter Hubraum vergrößert und auf satte 275 kW (374 PS) gebracht wurde. Das maximale Drehmoment wuchs von 450 auf 550 Newtonmeter. Wegen der höheren Beanspruchung wurden Getriebe, Differenzial und Bremsen stärker dimensioniert. Die Bereifung wuchs standesgemäß auf die beeindruckende Mischbereifungs-Dimension 235/45 ZR 17 vorn und 255/40 ZR 17 hinten. Die Höchstgeschwindigkeit des 500 SL 6.0 AMG betrug 265 km/h. Und damit er auch entsprechend schnell aussah, gehörten natürlich auch AMG-Front- und Heckspoiler sowie entsprechende Schwellerverkleidungen dazu.

Auch von den Serienmodellen gab es Neues zu vermelden: Die Antriebs-Schlupfregelung ASR gehörte ab Oktober 1990 zur Serienausstattung des 500 SL. Und ab September 1991 saß bei allen Modellen im Lenkrad hinter der Prallplatte serienmäßig ein Fahrer-Airbag.

Endlich vereint: offizielle Verlautbarung der Kooperation in der Werbung

1992 Prestigemodell mit zwölf Zylindern

Im Juli 1992 wurde erstmalig ein SL mit Zwölfzylindermotor präsentiert. Trotz 50 kW (68 PS) Mehrleistung gegenüber dem 500 SL waren die Fahrleistungen nur geringfügig besser: Die Höchstgeschwindigkeit war ebenfalls auf 250 km/h begrenzt, beim Spurt von null auf 100 km/h hatte der 600 SL nur einen Vorsprung von 0,1 Sekunden. Die Stärken des 290 kW (394 PS) starken V12-Triebwerks waren andere, denn dieser Motor war ein Musterbeispiel an Laufruhe und turbinenartiger Kraftentfaltung. Das Topmodell der Baureihe war serienmäßig mit einer Menge Extras ausgestattet, die beim 500 SL nur als Sonderausstattung erhältlich waren. Hierzu gehörten zum Beispiel das adaptive Dämpfungs-System, Tempomat, automatisch abblendbarer Innenspiegel, Scheinwerferreinigungsanlage, Klimatisierungsautomatik, Lederpolsterung und Sitzheizung. Äußerlich gab sich der 600 SL zurückhaltend, denn nur die Typenbezeichnung auf dem Heckdeckel und die »V12«-Embleme auf den Kotflügeln verrieten, dass es sich hier um ein 220.110 DM teures Auto handelte.
Außerdem gehörte bei allen Modellen ab dem Herbst 1992 ein Beifahrerairbag zur Serienausstattung.

Dezent: Nur der V12-Schriftzug auf den Seiten wies darauf hin, dass es sich hier um ein rund 220.000 DM teures Fahrzeug handelte

1993 Neue Typenbezeichnungen, neue Modelle und ein Prototyp

Im Juni 1993 passten sich die Bezeichnungen der SL-Modelle dem neuen System an, das anlässlich der Präsentation der C-Klasse eingeführt wurde. So wanderte die Buchstabenkombination »SL« vor die dreistellige Zahl – aus dem 500 SL wurde der SL 500, aus dem 500 SL 6.0 AMG der SL 60 AMG. Zugleich trat der SL 280 als neues Basismodell die Nachfolge des 300 SL an, und der SL 320 ersetzte den 300 SL-24. Mit diesen beiden neuen Modellen war nun die gesamte SL-Palette mit Vierventilmotoren mit verstellbarer Einlassnockenwelle ausgestattet.

Der SL 280 hatte zwar 161 cm³ weniger Hubraum als der 300 SL, leistete aber bei niedrigerem Verbrauch 2 KW (3 PS) mehr und war deutlich durchzugsstärker. Wer unbedingt noch von Hand schalten wollte, musste zu diesem Modell greifen, denn mittlerweile waren alle anderen Modelle serienmäßig mit einem Automatikgetriebe ausgestattet.

Der SL 320 lieferte mit 170 kW (231 PS) zwar die gleiche Spitzenleistung wie sein Vorgänger 300 SL-24, allerdings schon bei deutlich geringerer Drehzahl. Ein höheres Drehmoment bei niedrigerer Drehzahl bewirkte ganz nebenbei noch einen geringeren Verbrauch als beim Vorgängermodell. In dieser Ausführung geriet der Reihensechszylinder zu einem Musterbeispiel an Laufkultur und Agilität – eine Tatsache, die den SL 320 zum belieb-

Neue Typenbezeichnungen: Der SL 320 löste den 300 SL-24 ab, der SL 280 den 300 SL

SL 60 AMG: Der Schriftzug verriet nur dem Kundigen, dass vorn unter der Haube 280 kW (381 PS) am Werk waren

235/45 vorn, 255/40 hinten: Die breiten AMG-Räder dominierten die Seitenansicht des SL 60 AMG

testen Sechszylindermodell der Baureihe R 129 machen sollte. Der SL 500 erhielt die größeren Bremsscheiben des V12-Modells mit den Durchmessern 320 Millimeter vorn und 300 Millimeter hinten. Ebenso der SL 60 AMG, der zudem eine Leistungssteigerung auf 280 kW (381 PS) erfuhr.

Bei allen Modellen gehörte jetzt das vorher nur als Sonderausstattung lieferbare Windschott zur Serienausstattung. Wer genau hinschaute, konnte erkennen, dass sich das Design des Softtops leicht geändert hatte, da das Vorderteil nur noch aus einem Teil bestand. Vorher waren noch deutlich zwei Nähte sichtbar, da das Softtop aus drei Bahnen zusammengenäht war. Auf dem Automobilsalon in Genf im März 1993 hatte die Wilhelm Karmann GmbH aus Osnabrück einen spektakulären Prototyp des SL präsentiert: einen R 129 mit Flügeltüren. Konstruktionsbedingt ließ sich das Dach nicht öffnen, der Roadster war zum Coupé geworden. Aber was für eins: Das Öffnen wurde über eine Infrarot-Fernbedienung ausgelöst, das Aufstellen der Türen übernahmen Gasdruckfedern. Der Umbau war aufwändig, denn da das Hardtop nun als fester Bestandteil der Karosserie verwendet wurde, musste zum Beispiel ein neuer Überrollbügel konstruiert werden. Andererseits war der Umbau handwerklich so gelungen, dass man dem geschlossenen Fahrzeug die Flügeltüren zunächst gar nicht ansah. Trotz staunender Gesichter auf der Schweizer Automobilmesse angesichts der sich wie von Zauberhand öffnenden Türen: Es bleib bei diesem Einzelstück.

Handwerklich sauber gelöst: Der Prototyp von Karmann mit Flügeltüren

Spektakulär: Der Flügeltürer ging nie in Serienfertigung, es blieb bei diesem einen Fahrzeug

1994 Erstes Sondermodell eines SL

Beim R 129 wurden erstmals SL-Sondermodelle eingeführt, die sich durch besondere Ausstattungsdetails von den Serienmodellen unterschieden. Den Anfang machte die »Mille Miglia Edition« von 1994, die als VIP-Sondermodell und Begleitfahrzeug bei dem italienischen Traditionsrennen eingesetzt wurde. Von außen war dieses Sondermodell an den »Mille Miglia«-Plaketten auf den Kotflügeln zu erkennen. Innen sorgte zum Beispiel der klassisch anmutende Sitzbezug aus blauem Karostoff, der mit blauem Leder eingefasst war, für das nötige Flair. Auf dem Gangwählhebel prangte der Mille Miglia-Schriftzug samt Zielflagge. Von diesem Fahrzeug wurden nur zehn Exemplare gebaut.

Mille Miglia Edition von 1994: brilantsilber, Stoßfänger und Wagenfarbe hochglänzend. Die Kopfstützen verraten es: Der Sitzspiegel war mit dem Karo-Stoff des 300 SL Rennsportwagens (W 194) bezogen. Die Türmittelfelder übrigens auch

1995 Special Edition

Das Sondermodell »Special Edition« war als SL 280, SL 320 oder SL 500 lieferbar. Sofort erkennbares Merkmal dieser in Brillantsilber lackierten Edition mit dem schwarzen Stoffdach war eine Zielflagge an den seitlichen Belüftungsöffnungen. Die Sitze und Kopfstützen waren an den Außenflächen mit schwarzem und in der Mitte mit rotem Leder bezogen, die Mittelkonsole und die Zierteile an den Türen präsentierten sich in designo carbonschwarz mit roter Ziernaht. Die Bereifung vorn und hinten hatte die Dimensionen 245/45. Von dieser Edition wurden 630 Fahrzeuge produziert.
Auf der »Special Edition« basierend gab es erneut zehn Exemplare für die Mille Miglia, die darüber hinaus noch das »Mille Miglia«-Logo auf dem Gangwählhebel und neben dem Warnblinkschalter aufwiesen.

Auch innen ganz speziell: zweifarbige Ledersitze, Mittelkonsole und Zierteile in design carbonschwarz

Special Edition von 1995: Die Zielflagge an den seitlichen Belüftungsöffnungen stach sofort ins Auge

1995 Die erste Modellpflege

Auf der Internationalen Automobilausstellung IAA im September 1995 präsentierte sich ein äußerlich leicht retuschierter SL. Die Anzahl der Lamellen im Kühlergrill hatte sich von sieben auf sechs reduziert, die Öffnung in der Frontschürze wies nur noch einen statt zwei Querstegen auf. Ein neues Design der Frontschürze erhöhte die Fahrzeug-Gesamtlänge um 29 Millimeter auf 4499 Millimeter. Die Blinkergläser waren jetzt weiß, auch die Nebelscheinwerfer erhielten ein neues Abdeckglas. Auf Wunsch waren Scheinwerfer mit Xenon-Gasentladungslampen lieferbar, mit denen sich die doppelte Lichtstärke gegenüber herkömmlichen Halogen-Scheinwerfern erreichen ließ.
In der Seitenansicht fiel vor allem auf, dass die Seitenwandverkleidungen und Stoßfänger nicht mehr in Kontrast-, sondern in Wagenfarbe lackiert waren. Die Entlüftungsöffnungen in den Seitenwandverkleidungen wiesen statt drei nur noch zwei Schlitze auf. Auch die Seitenschweller waren neugestaltet. Prägend für die Seitenansicht waren neue gewichtsoptimierte 12-Loch-Leichtmetallräder mit hochglanzgedrehter Oberfläche

Neue Front nach der Modellpflege 1995: sechs Lamellen im Kühlergitter und weiße Blinkergläser

Einheitliches Bild: Die Seitenwandverkleidungen und Stoßfänger waren jetzt auch in Wagenfarbe lackiert, die Zahl der Entlüftungsschlitze in den Kotflügeln von drei auf zwei geschrumpft

Neue Heckleuchten: Die Blinkergläser waren jetzt nicht mehr gelb, bis auf die Rückfahrscheinwerfer war das Deckglas jetzt durchgängig rot

Neues Lenkrad: Jetzt erfolgte die Betätigung der Hupe über separate Huptasten

im Felgenhorn. Auf Wunsch waren aber auch weiterhin 8-Loch-Leichtmetallräder, ebenfalls mit glanzgedrehter Oberfläche, lieferbar. Am Heck sorgten eine neu gestaltete Schürze sowie durchgängig rote Abdeckgläser für ein geändertes Erscheinungsbild.

Im Innenraum fiel das neue Lenkrad ins Auge: Die Fahrer eines Sechs- oder Achtzylinders hatten nun ein neues Vierspeichen-Lederlenkrad mit großer Prallfläche und separaten Huptasten im Griff, dessen Durchmesser 390 statt der 400 Millimeter vorher betrug. Die Oberfläche des Zwölfzylinder-Lenkrads bestand aus Holz und Leder und kam im Design des Lenkrads der S-Klasse daher.

Als erster Automobilhersteller präsentierte Mercedes-Benz einen Tempomat für Tempo-30-Zonen, mit dem fortan alle SL-Modelle mit Automatikgetriebe ausgestattet waren. Ebenfalls serienmäßig war eine Klimatisierungsautomatik.

Die Integralsitze zeigten sich in einer neuen Polstereinteilung. Darunter verbarg sich eine weichere Polsterung bei gleichzeitig verbessertem Seitenhalt. Die vorherige Auswahlmöglichkeit unter elf möglichen Stoff-Farbtönen hatte sich auf ein einziges Angebot reduziert: »Stoff Anthrazit«. Dafür gab es nun das zweifarbige »Leder Exclusiv« im Angebot. Apropos Farben: Lackiert wurde fortan mit umweltfreundlicheren Lacken auf Wasserbasis.

Die Türen waren nun serienmäßig mit Sidebags ausgestattet. Ein Sicherungsstift ersetzte den bisherigen Hebel an der Türinnenverkleidung, im oberen Teil der Türverkleidung fand sich eine zusätzliche Holz-Zierleiste.

Für eine formschlüssigere Verbindung lagen die Türscheiben nicht mehr außen vor, sondern innen hinter den Dichtungen an Frontscheibenrahmen und Dach. Zum Öffnen oder Schließen der Tür wurde die Scheibe daher kurz abgesenkt – »Kurzhubsteuerung« nennt der Fachmann diesen Vorgang.

Auf Wunsch stand nun ein Panorama-Glasdach zur Verfügung, das anstelle des üblichen Aluminium-Hardtops montiert werden konnte. Dieses besondere Hardtop sorgte mit seiner aus fünf Millimeter starkem Sicherheitsglas bestehenden Glasplatte im Dach für deutlich mehr Licht im Innenraum. Außerdem wies es größere Seitenfenster als das normale Hardtop auf, was zu schmaleren C-Säulen des Daches führte.

Spätzünder: Das Panorama-Glasdach wurde bereits Anfang 1993 vorgestellt und war dann ab 1995 bestellbar

Auf der IAA 1995 feierte auch das neue designo Programm Premiere: Mit exklusiven Sonderlackierungen, speziellen Lederfarben und besonderen Innenraum-Zierteilen hatten Mercedes-Kunden nun die Möglichkeit, ihren Wagen bereits ab Werk ganz nach ihrem persönlichen Geschmack zu gestalten.
Auch bei den elektronischen Helferlein hatte sich im Rahmen der Modellpflege etwas getan. Das Elektronische Traktions-System (ETS) gehörte ab jetzt zur Serienausstattung der Sechszylinder. Wer einen Achtzylinder bewegte, hatte serienmäßig eine Antriebs-Schlupfregelung (ASR) an Bord, und beim Zwölfzylinder verhinderte serienmäßig das »Elektronische Stabilitäts-Programm« (ESP) kritische Fahrsituationen. Als Sonderausstattung war ESP auch für den SL 500 bestellbar.
Das Adaptive Dämpfungs-System ADS ging mit einer elektronischen Rundum-Niveau-Regulierung in die zweite Generation, ein neuer Algorithmus sorgte für noch ruhigere Aufbaubewegungen der Karosserie. Außerdem waren nun zwei unterschiedliche erhöhte Niveaus wählbar.
Bei den Modellen SL 500, SL 600 und SL 60 AMG kam ein völlig neu entwickeltes, elektronisch gesteuertes Fünfgang-Automatikgetriebe zum Einsatz. Die elektronische Getriebesteuerung passte das Schaltverhalten schnell, komfortabel und automatisch den unterschiedlichen Fahrsituationen an und stand dazu mit der ebenfalls neuen elektronischen Motorsteuerung mit integrierter Zünd-, Einspritz- und Luftsteuerung in permanentem Datenaustausch. Das neue Getriebe fiel zudem leichter und kompakter aus als der hydraulisch gesteuerte Vorgänger. Der V8-Motor des SL 500 erhielt neben der neuen elektronischen Motorsteuerung eine modifizierte Kurbelwelle, eine optimierte Ventilsteuerung, leichtere Kolben und Einzelzündspulen für jeden Zylinder, beim V12-Motor kamen ebenfalls die neue Motorsteuerung und die Einzelzündspulen zum Einsatz.

1996 Bremsassistent Serie

Mille Miglia Edition von 1996: ausnahmsweise mal in Schwarz. Genauer gesagt: in designo schwarz

Starke Kontraste: Im hauptsächlich schwarzen Interieur der Mille Miglia Edition fanden sich einige rote Akzente

Die Unfallforscher hatten herausgefunden, dass viele Fahrer in einer Gefahrensituation häufig zu zaghaft auf das Bremspedal treten, obwohl mithilfe des ABS überhaupt keine Schleudergefahr bestand. Um dieses Manko auszugleichen, führte Mercedes-Benz Ende des Jahres 1996 den sogenannten Brems-Assistenten (BAS) ein, zunächst serienmäßig im SL und in der S-Klasse. Einfache Logik dahinter: Wer das Bremspedal schlagartig betätigt, muss sich in Gefahr befinden. Egal, wie stark dann der Fahrer das Bremspedal betätigte, das Auto baute sofort den maximalen Bremsdruck auf. Und löste die Bremse natürlich sofort wieder, sobald der Fahrer das Pedal nicht mehr betätigte.
Das elektronisch gesteuerte Fünfgang-Automatikgetriebe, bisher nur den großen Motorisierungen vorbehalten, gehörte ab Juni 1996 auch im SL 320 zur Serienausstattung, im SL 280 war es auf Wunsch erhältlich.
Auch in diesem Jahr gab es wieder eine auf zehn Fahrzeuge limitierte Mille Miglia Edition. Die Lackierung war diesmal in designo schwarz, innen kontrastierte die Grundfarbe Schwarz mit roten Zierelementen.

Bis zum Limit: Trat der Fahrer in einer Schrecksituation womöglich zu zaghaft auf die Bremse, erledigte der Bremsassistent den Rest und verzögerte so stark es ging. Natürlich nur, solange der Fahrer das wollte

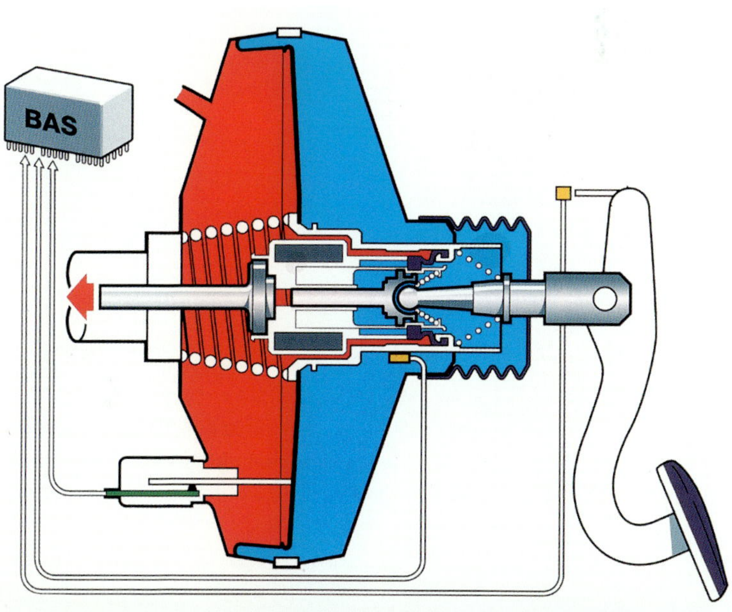

1997 Ein Sondermodell von AMG und eins für die USA

Sondermodell 40th Anniversary Roadster Edition: designo blau für den SL 320, designo rot für den SL 500. 750 Exemplare wurden für den amerikanischen Markt gebaut

Aus Anlass des 40. Jahrestags der Vorstellung des 300 SL Roadsters im Jahr 1957 wurden 750 Fahrzeuge »40th Anniversary Roadster Edition« als SL 320 (in designo blau) und SL 500 (in designo rot) für den amerikanischen Markt gebaut.
AMG baute 25 Stück des silbernen »AMG SL 60 Limited Edition« mit durchnummerierten Einstiegsleisten. Vielleicht ein Vorgriff darauf, dass der SL 60 AMG Mitte nächsten Jahres aus der Preisliste verschwinden sollte.

Und was war mit der fast schon obligatorischen »Mille Miglia Edition«? Die fiel in diesem Jahr für den SL aus, hier hatte ausnahmsweise der gerade eingeführte SLK die Ehre.
Ansonsten gab es aus diesem Jahr nur Kleinigkeiten zu berichten, kein Wunder, stand ja auch schon die nächste Modellpflege vor der Tür: Zur Serienausstattung gehörten nun zusätzliche seitliche Blinker am Kotflügel sowie eine dritte Bremsleuchte.

Geheimnisvolles Bild, kleine Stückzahl: AMG SL 60 Limited Edition

1998 »Special Edition« und drei weitere Sondermodelle

In diesem Jahr gab es gleich vier Sondermodelle des SL, wobei es nur eines davon regulär in Deutschland zu kaufen gab: den SL »Special Edition«. Als Basisfahrzeug konnte ein SL 280, SL 320, SL 500 oder SL 600 dienen. Die Lackierung war grundsätzlich schwarz, der Verdeckstoff rot. Auch im Interieur kontrastierten die Farben Rot und Schwarz. Ein Logo mit dem Schriftzug »Special Edition« fand sich seitlich auf den Kotflügeln, auf den Edelstahl-Einstiegsleisten und auf der Mittelkonsole. Von der »Special Edition« wurden 500 Fahrzeuge gefertigt.

Auf Basis des »Special Edition« wurden wieder einige wenige »Mille Miglia Edition« gebaut –wie in den Jahren 1994 bis 1996 waren es erneut zehn an der Zahl.

SL Special Edition: Lackierung grundsätzlich schwarz, Verdeck grundsätzlich rot

Außerdem gab es noch zwei Editionen speziell für das Ausland, eine für den britischen und eine für den japanischen Markt. Von der für Großbritannien gebauten Version Edition »designo MB UK« wurden 150 Exemplare hergestellt. Diese SL waren mit allen Motorisierungen lieferbar und in »designo variocolor 1« lackiert, einem je nach Lichteinfall blau bis grün changierendem Farbton. Der Innenraum war größtenteils in grau gehalten. Etwas farbenfroher fiel die Edition »designo MB Japan« aus, die 67mal gebaut wurde. Die Lackierung entsprach dem britischen Pendant, doch das auch hier graue Interieur wurde durch zahlreiche Applikationen in Ultramarin aufgelockert.

Kontrastprogramm: Auch im Innenraum herrschten Schwarz und Rot vor

Knappes Angebot: Von der SL Special Edition: wurden nur 500 Fahrzeuge gebaut

1998 Die zweite Modellpflege

Im April 1998 zeigte sich der SL auf dem Turiner Automobilsalon mit seiner zweiten Modellpflege in dezent überarbeitetem Design. Auffälligstes Merkmal waren die neuen, runderen Außenspiegel, jetzt serienmäßig elektrisch heranklappbar. Die Türgriffe und Karosserie-Anbauteile waren nun hochglänzend in Wagenfarbe lackiert.
Vorher nicht sichtbar, weil hinter der Heckschürze versteckt, ließ sich nun ein ovales Auspuff-Endrohr blicken. Auch weiter oben machten sich Rundungen breit, denn die Heckleuchten mit nur noch drei statt vorher vier Stegen zeigten sich in weicherer Formgebung.

Der modellgepflegte SL kam auf großem Fuß daher, denn er rollte auf 17-Zoll- statt wie bisher auf 16-Zoll-Rädern im neugestalteten Fünfloch-Design. Die Seriendimension hieß nun nicht mehr 225/55, sondern 245/45.
Im Interieur war eine einfarbige Nappaleder-Ausstattung serienmäßig. Auch die Sitzheizung, nichts ist ungemütlicher als kaltes Leder, gehörte jetzt zur Serienausstattung. Die Stoffausstattung war dafür komplett aus dem Katalog verschwunden.
Erneut gab es eine Änderung beim Lenkraddesign zu beobachten: Die unteren Speichen standen enger beisammen, die Betätigung der Hupe erfolgte wie beim allerersten Modell wieder

Der SLK hatte vorgelegt: neue Außenspiegel in runderem Design. Und die Spiegel waren jetzt serienmäßig elektrisch heranklappbar

Nicht mehr versteckt: Mit der Modellpflege kam das Auspuff-Endrohr ans Tageslicht

Neue Heckleuchten: Seit der Modellpflege 1998 wiesen die Gläser der Rückleuchten nur noch drei statt vorher vier Stege auf. Stilprägend waren die neuen 17-Zoll-Räder im Fünfloch-Design

über die Prallplatte, welche nun mit einem Reliefstern verziert war. Die fünf Rundinstrumente waren mit einem Chromring umfasst, die Anzeige des Öldrucks war einer Anzeige der Öltemperatur gewichen.
Doch die wichtigsten Änderungen waren unter der Motorhaube erfolgt, denn die Ära der Reihensechszylinder war zu Ende. V6-Motoren kamen zum Zug, und so ersetzte der Motortyp M 112 den M 104. Erst 20 Jahre später sollten bei Mercedes-Benz wieder Reihensechszylinder zum Einsatz kommen, denn 2017 debütierte der Motor M 256 in der S-Klasse.
Der SL 280 leistete jetzt 150 kW (204 PS), verbrauchte aber dank Dreiventiltechnik und Doppelzündung der neuen V-Motorengeneration statt 9,9 nur noch 8,7 Liter auf 100 Kilometer, was einer Verbrauchsreduzierung von satten zwölf Prozent entsprach. Die Leistung des SL 320 betrug mit 165 kW (224 PS) 5 kW (7 PS) weniger als beim Vorgänger, dafür war das unveränderte maximale Drehmoment von 315 Newtonmeter über einen breiteren Drehzahlbereich verfügbar.

Familienbande: Auch das Lenkrad kam einem schon aus dem SLK bekannt vor. Die Instrumente waren jetzt von Chromringen eingefasst

Weniger ist mehr: Der neue V6-Motor mit der internen Bezeichnung M 112 leistete im SL 280 8 kW (11 PS) mehr als sein reihenzylindriger Vorgänger M 104, verbrauchte aber satte 12 Prozent weniger

Dampf aus dem Drehzahlkeller: Der neue V8-Motor M 113 erreichte sein Drehmoment-Maximum schon bei 2700/min, sein Vorgänger M 119 erst bei 3900/min

Familienbild: Das Modellprogramm von Mercedes-Benz war seit dem Erscheinen der Baureihe R 129 deutlich gewachsen

Ohne Worte: Dieser Werbung gibt es eigentlich nichts hinzuzufügen

Auch im SL 500 tat nun eine neue Motorengeneration mit Dreiventiltechnik und Doppelzündung ihren Dienst, der Motortyp M 113 ersetzte den M 119. Mit einer Leistung von 225 kW (306 PS) und dem maximalen Drehmoment von 460 Newtonmeter erreichte der neue Motor zwar nicht ganz das Niveau des Vorgängers (235 kW/320 PS, 470 Newtonmeter), aber da das Drehmomentmaximum des neuen Dreiventilers schon ab einer Drehzahl von 2700/min zur Verfügung stand, tat dies den Fahrleistungen keinen Abbruch. Das Elektronische Stabilitätsprogramm (ESP) gehörte jetzt auch beim SL 500 zur Serienausstattung.

Der SL 60 AMG war aus der Preisliste verschwunden, nicht aber der SL 600. Er erwies sich als der Dinosaurier der Baureihe, denn sein Sechsliter-Zwölfzylindermotor überstand die Produktionszeit der Baureihe R 129 quasi unverändert.

Serienmäßig bei allen Modellen war nun ein Garagentoröffner im Innenspiegel und der variable Geschwindigkeitsbegrenzer SPEEDTRONIC. Das neue aktive Service-System ASSYST erlaubte eine bedarfsgerechte Wartung. Bei ihm hing die Zeit zwischen den Wartungsterminen vom Einsatzbereich ab, schonende Fahrweise bei mittleren Drehzahlen und wenig Kurzstrecke verlängerten die Intervalle.

1999 AMG ist wieder da – und wie

Im Frühjahr 1999 ergänzten gleich zwei AMG-Modelle die Typenpalette des SL. Da war zum einen der SL 55 AMG mit einem 260 kW (354 PS) starken V8-Motor mit 5,5 Liter Hubraum und 530 Newtonmeter maximalem Drehmoment. Dieses Modell diente dann auch gleich als Basis für die zwölf Exemplare der »Mille Miglia Edition« 1999. Lackiert waren sie, Kühlergrill inbegriffen, in designo silber, das Dach war schwarz. Für Ohrenschmaus sorgte eine High-End-Audio-Anlage.

Und dann war da der SL mit der respekteinflößenden Bezeichnung SL 73 AMG. Sein V12-Motor verfügte über einen Hubraum von unglaublichen 7.291 cm³ - so einen großen Motor hatte es seit 1945 von Mercedes-Benz nicht mehr gegeben. Und mit der »73« hatte AMG einen bis heute ungeschlagenen hauseigenen Rekord aufgestellt, eine größere Zahl in der Typbezeichnung gab es seitdem bei Fahrzeugen aus Affalterbach nicht mehr. Das Ungetüm leistete 386 kW (525 PS) und entfesselte ein maximales Drehmoment von 750 Newtonmeter. Diese Fahrzeuge liefen bei Mercedes-Benz als SL 600 mit AMG-Styling vom Band und wurden dann in Affalterbach umgebaut. Respekteinflößend war allerdings auch der Preis: 325.612 DM.

Im Jahr 1999 erfuhr der serienmäßige SL eine wichtige Änderung, denn seitdem gehörte das Elektronische Stabilitäts-Programm ESP zur Basisausstattung für alle Modelle.

Rekord: Eine größere Typbezeichnung hat es seitdem bei AMG nicht mehr gegeben

Voll ausgebaut: Das V12-Triebwerk des SL 73 AMG leistete 386 kW (525 PS)

Vorn eher zurückhaltend: Die Front des SL 73 AMG hatte nichts Angeberisches

Auch hinten dezent: Nur das Zweifach-Auspuffendrohr und der Schriftzug verrieten, dass man eben von einem 325.000 DM teuren Auto überholt wurde

2000 Gleich sechs Sondermodelle

Das Jahr 2000 stellte den Rekord auf, was die Anzahl der angebotenen Sondermodelle anging, gleich sechs Stück wurden in diesem Jahr produziert. Vom »SL Edition«, der nur als SL 320 und SL 500 lieferbar war und wahlweise designo mysticblau oder brillantsilber lackiert war, wurden 708 Fahrzeuge gebaut. Wie üblich, war die Ausstattung mit edlem Holz und feinen Leder sehr exklusiv, auch diverse Plaketten mit dem »SL Edition«-Schriftzug durften nicht fehlen.

Final Edition: Die Öffentlichkeit wurde mit gleich mehreren Anzeigenmotiven auf das auf 674 Exemplare limitierte Sondermodell aufmerksam gemacht

Nicht fehlen durfte auch wieder die traditionelle »Mille Miglia Edition«, erneut in der Stückzahl von zwölf Fahrzeugen. In diesem Jahr war sie außen in Brillantsilber lackiert, innen mit klassisch schwarzem Leder ausgestattet. Das »Mille Miglia«-Emblem auf dem Deckel des Aschenbechers war von 1/12 bis 12/12 durchnummeriert, einige Anbauteile waren verchromt.
Ähnlich den schon traditionellen Sondermodellen für die italienische Mille Miglia stellte nun auch Mercedes-Benz USA 20 spezielle Fahrzeuge für eine heimische Rennveranstaltung auf die Beine, die publikumswirksam platziert wurden oder als VIP-Fahrzeuge eingesetzt wurden. Anlass war die Rückkehr der Formel 1 auf die Rennstrecke in Indianapolis, folgerichtig hieß dieses Sondermodell »Formula One Edition«. Außen silber, innen schwarz, breite Reifen, Plaketten und einige schöne Anbauteile – das Prinzip à la Mille Miglia Edition hatte sich bewährt.
Besonders edel kam die »Final Edition« des Jahres 2000 daher. Die meisten der 693 Käufer dieses Modells entschieden sich für den SL 320 als Basis und konnten als Lackierung zwischen designo brillantschwarz und dem neuen Farbton Silver Arrow wählen. Das Verdeck war schwarz, das Leder ebenso, aber mit grauen Ziernähten exklusiv gestaltet. Die Sitze und das designo Leder/Holz-Lenkrad waren elektrisch verstellbar, auf der Mittel-

konsole und an den Türen sorgte das designo Holz »Curly Ahorn natur« für einen warmen Ton. Die 18-Zoll-AMG-Felgen im Fünfspeichen-Design boten der Breitbereifung 245/40 und 275/35 ausreichend Raum. Xenon-Scheinwerfer und die Audio-Anlage MB Audio 30 APS gehörten ebenso zur reichhaltigen Ausstattung wie beleuchtete Einstiegsleisten mit dem »Final Edition«-Schriftzug samt den entsprechenden Plaketten an den Kotflügeln, auf der Mittelkonsole und dem Veloursteppich. Die Preisspanne reichte von 142.564 DM für den SL 280 bis 235.364 DM für den SL 600.

Zwei weitere Sondermodelle wurden für den britischen Markt in jeweils einer Stückzahl von 49 Exemplaren aufgelegt: die »designo Vintage Edition« und die »designo Heritage Edition«, die es beide nur als SL 280 oder SL 320 gab. Das Vintage-Modell war in designo alanitgrün lackiert und mit hellbraunen Ledersitzen der Farbbezeichnung Java ausgestattet, die Holzzierteile waren in dunklem Walnussholz gehalten. Das Heritage-Modell dagegen präsentierte sich außen in designo almandinschwarz, die Sitze waren zweifarbig mit rotem und schwarzem Leder bezogen und die Holzzierteile bestanden aus dunklem Ahorn.

SL Edition: lieferbar, wie hier im Bild, in designo mysticblau oder in Brillantsilber. 708 Fahrzeuge wurden von dieser Edition gebaut

Edles Ambiente: Die SL Edition aus dem Jahr 2000 verwöhnte die Insassen mit edlem Holz und feinem Leder. Und natürlich durften entsprechende Plaketten nicht fehlen

Der letzte deutsche SL-Prospekt vom Oktober 2000 war, dem damaligen Werbekonzept folgend, ein aufwändig gemachtes, querformatiges Büchlein mit festem Einband.

Im Jahr 2000 gab es noch einmal ein VIP-Sondermodell Mille Miglia mit perforiertem Nappaleder im Innenraum

Die Rückkehr der Formel 1 auf den Indianapolis Speedway im September 2000 feierte Mercedes-Benz USA mit der Sonderausführung Formula One Edition

Oben die designo Vintage Edition, unten die designo Heritage Edition für den britischen Markt. Auflage je 49 Exemplare

2001 Drei Sondermodelle kurz vorm Schluss

Auf die größte Stückzahl aller Sondermodelle der Baureihe R 129 brachte es mit 1515 Fahrzeugen die »Silver Arrow Edition« für den amerikanischen Markt. 1415 Exemplare davon wurden als SL 500 aufgebaut, die anderen 100 Stück als SL 600. Beide Varianten waren in Silver Arrow lackiert, rollten auf den schon bekannten Breitreifen und wiesen mit Plaketten auf den Kotflügeln auf ihre Besonderheit hin. Beim SL 500 gehörte eine schwarz/silberne Lederausstattung, ein entsprechend zweifarbiges Lederlenkrad sowie das normale Hardtop zum Lieferumfang. Beim SL 600 war das Leder schwarz/blau, das Lenkrad in

Silver Arrow Edition für die USA: Auflage 1515 Stück, davon 100 Exemplare als SL 600. Das Hardtop war serienmäßig

Holz-Leder-Ausführung, außerdem gehörte ein Panorama-Glasdach dazu. Bei beiden Modellen leuchtete nach dem Öffnen der Tür ein Schriftzug »Silver Arrow Edition« auf der Einstiegsleiste. Auch Großbritannien erhielt ein Sondermodell »Silver Arrow Edition«, das im Wesentlichen, bis auf die Rechtslenkung, der gleichnamigen amerikanischen Version entsprach. Es wurde in seiner Auflage von 100 Stück nur als SL 500 angeboten, verfügte aber über ein Panorama-Glasdach.
Und ein weiteres Mal kam die »Silver Arrow Edition« als Basis zum Einsatz, nämlich für die diesjährige »Mille Miglia Edition«. Das Sitzleder der dreizehn SL 600 war allerdings einfarbig schwarz mit silbernem Unterzug versehen.
Über die Jahre brachte Mercedes-Benz also weltweit immerhin 18 Sondermodelle des SL heraus. Hoffnung, ein Sondermodell auf dem deutschen Markt zu ergattern, besteht aber eigentlich nur bei der »Special Edition« von 1995 und 1998 sowie der »SL Edition« und der »Final Edition« aus dem Jahr 2000.

Das Interieur des Silver Arrow SL 500 war in zweifarbigem Leder gehalten

Die letzte Mille Miglia Edition der Baureihe R 129. 13 Stück wurden davon gebaut (Foto: R129 SL-Club)

2001 Das Ende der Baureihe R 129

Im Juli 2001 lief im Werk Bremen nach gut 12 Jahren Produktionszeit der letzte von 204.940 SL der Baureihe R 129 vom Band. Somit war die Baureihe R 129 dem Vorgänger R 107 mit seinen 237.287 produzierten Fahrzeugen zwar stückzahlmäßig unterlegen, hatte aber auch das Handicap einer sechs Jahre kürzeren Produktionszeit.

Jahrelang wurde dieser SL-Generation eine Zukunft als gesuchtem Youngtimer vorausgesagt – eine Prognose, die sich lange nicht erfüllen wollte. Seit ein paar Jahren scheint sich allerdings die Vorhersage erfüllt zu haben, die Preise steigen kontinuierlich.

Als Orientierung zum Angebot: Obwohl mit 103.531 Fahrzeugen mehr SL der Baureihe R 129 mit V8-Motor produziert wurden als mit Sechszylindermotoren (mit Reihenmotor 81.546, mit V-Motor 8.774 Stück), überwiegt in Deutschland der Bestand an SL mit Sechszylindermotoren deutlich. Laut Statistik des Kraft-

Dauerbrenner: Der SL 320 mit Reihensechszylindermotor ist die Variante des R 129, die heute auf Deutschlands Straßen am häufigsten zu finden ist

fahrt-Bundesamtes waren in Deutschland im Jahr 2017 zirka 34.300 SL der Baureihe R 129 zugelassen, über zwei Drittel davon mit Sechszylindermotor. Die Erklärung ist einfach: Die Amerikaner lieben große Motoren. Und da die USA schon immer den Hauptmarkt für den SL darstellten, sind überdurchschnittlich viele 500er über den großen Teich exportiert worden. So wurde dann auch die mit dem Vierventil-V8-Motor M 119 ausgerüstete Fünfliter-Variante, von der im Zeitraum 1988 bis 1998 insgesamt 79.827 Exemplare produziert wurden, die erfolgreichste Variante der Baureihe 129.

Die bei weitem seltenste Ausführung - von den AMG Versionen abgesehen - war der SL 280 mit V6-Motor, der ab 1998 als Einstiegsmodell der Baureihe diente und nur 1.704mal vom Band lief. Von den 11.089 produzierten SL mit V12-Motor sind in Deutschland knapp 1.000 Exemplare aktenkundig.

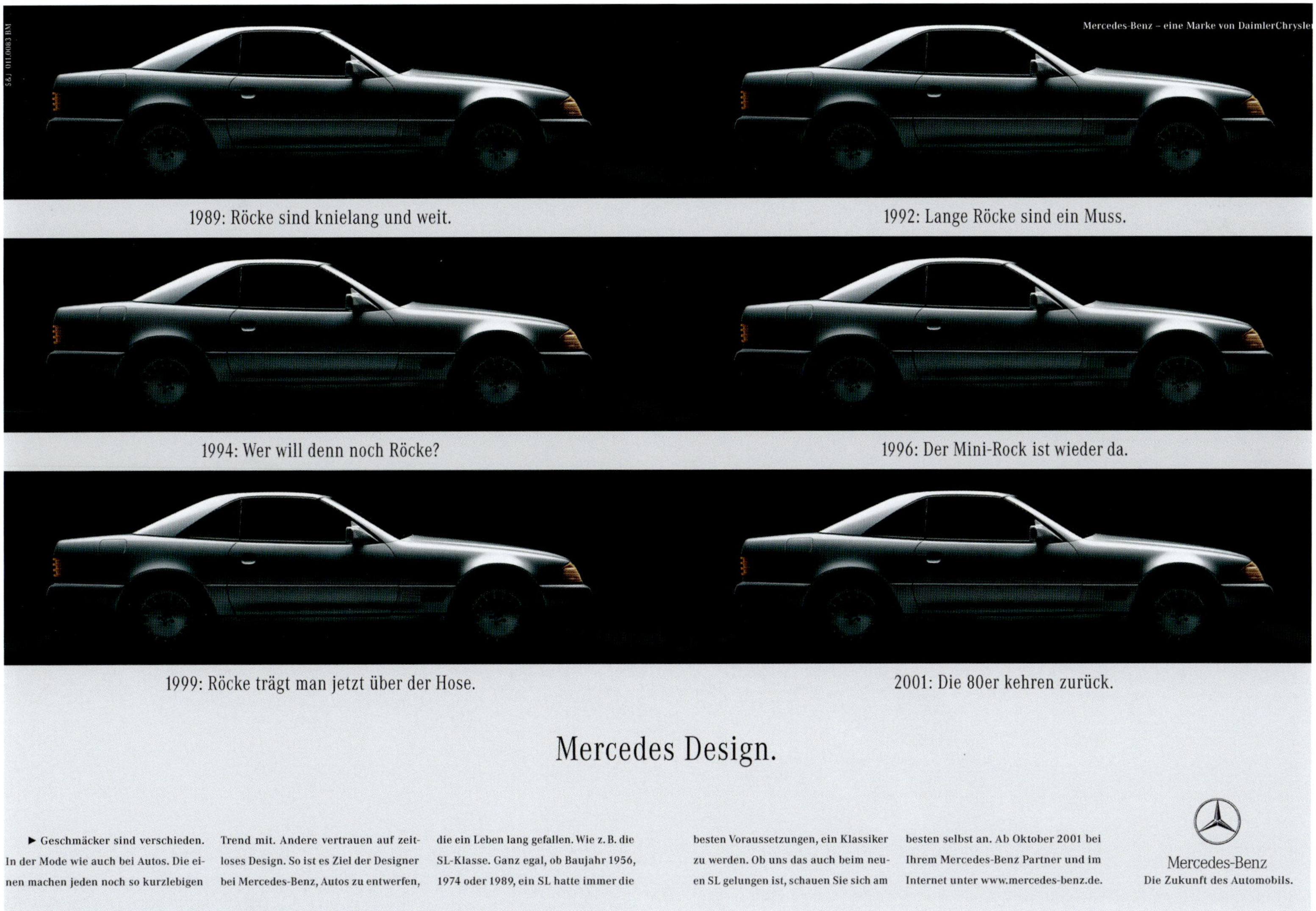

Werbung 2001: Eine Hommage an die Zeitlosigkeit der Baureihe R 129

2001 Der Nachfolger R 230 tritt an

Im gleichen Monat des Bandablaufs des letzten Fahrzeugs der Baureihe R 129, im Juli 2001, feierte der Nachfolger R 230 als neue Generation des SL seine Weltpremiere, im Oktober 2001 kam er in den Handel. Die auffälligste Innovation war hier das Stahlklappdach, »Variodach« genannt. In 16 Sekunden faltete sich das Dach in den Kofferraum ein beziehungsweise überdachte das offene Fahrzeug. Die Zeiten eines getrennt zu lagernden Hardtops waren vorbei, fortan war das Hardtop immer an Bord und das Stoffdach Schnee von gestern.

Die Palette des R 230 umfasste in der Blütezeit stattliche sechs Modelle: SL 300, SL 350, SL 500, SL 600, SL 63 AMG und SL 65 AMG. Auch diese Baureihe sollte sehr erfolgreich werden: Im Zeitraum 2001 bis 2011 wurden insgesamt rund 170.000 Stück produziert. Doch das ist eine ganz andere Geschichte.

Weichere Linien: Der Nachfolger R 230 war nicht mehr so kantig wie sein Vorgänger

Alles so schön rund hier: Auch im Innenraum dominierten fließende Linien

Versteckt im Kofferraum: Die wichtigste Innovation war das Variodach, ein Stahlklappdach, das sich in 16 Sekunden präzise ein- oder ausklappte. Die Zeiten des zusätzlichen Hardtops waren damit vorbei

D
S NN 1938

Große Doppel-scheinwerfer, kleiner Grill: und jetzt nur noch mit vier Lamellen

Daten und Fakten

Typwechsel: Ab dem 1. Juni 1993 rückte bei allen Fahrzeugen das Baureihenkürzel vor die Typbezeichnung. So wurde aus dem 500 SL der SL 500

Produktionszahlen Baureihe R 129

Nach Jahren	Stück	Nach Modellen	Motor-Bauart	Stück
1988	86	SL 280	R6	10.319
1989	5.327	300 SL	R6	12.020
1990	20.787	300 SL-24	R6	26.984
1991	26.004	SL 320	R6	32.223
1992	26.238	500 SL / SL 500	V8	79.827
1993	18.760	600 SL / SL 600	V12	11.089
1994	17.454	SL 280	V6	1.704
1995	18.325	SL 320	V6	7.070
1996	15.774	SL 500	V8	23.704
1997	15.438			
1998	15.766			
1999	12.365			
2000	8.000			
2001	4.616			
Gesamt	**204.940**	**Gesamt**		**204.940**

Zugelassene R 129 in Deutschland

HSN[1]	TSN[2]	Typ	Leistung (kW / PS)	Motor-Bauart[3]	Hubraum (cm³)	01.01.2017	01.01.2016	01.01.2015	01.01.2014	01.01.2013
0708	474	SL 280	142 / 193	R6	2799	4073	4075	4066	4063	4173
0710	399	SL 280	150 / 204	V6	2799	713	701	698	698	718
0708	396	300 SL	140 / 190	R6	2960	4624	4646	4668	4697	4745
0709	487	300 SL	140 / 190	R6	2960	40	40	39	39	38
0708	397	300 SL-24	170 / 231	R6	2960	3741	3735	3776	3827	3891
0709	488	300 SL-24	170 / 231	R6	2960	59	57	59	62	63
0708	475	SL 320	170 / 231	R6	3199	8481	8427	8403	8306	8386
0710	400	SL 320	165 / 224	V6	3199	2777	2771	2754	2730	2699
0708	398	500 SL	240 / 326	V8	4973	3788	3718	3672	3608	3632
0709	489	500 SL	240 / 326	V8	4973	169	155	142	142	141
0708	443	SL 500	235 / 320	V8	4973	4009	3890	3796	3695	3638
0710	401	SL 500	225 / 306	V8	4966	941	919	871	845	811
0708	444	600 SL / SL 600	290 / 394	V12	5987	878	885	860	861	872
0710	353	SL 60 AMG	280 / 381	V12	5956	10	11	8	5	3
Gesamt						**34303**	**34030**	**33812**	**33578**	**33810**

[1] Hersteller-Schlüsselnummer; [2] Typ-Schlüsselnummer [3] R6 = Sechszylinder-Reihenmotor; V6 = Sechszylinder-V-Motor; V8 = Achtzylinder-V-Motor; V12 = Zwölfzylinder-V-Motor

Quelle: Kraftfahrt-Bundesamt

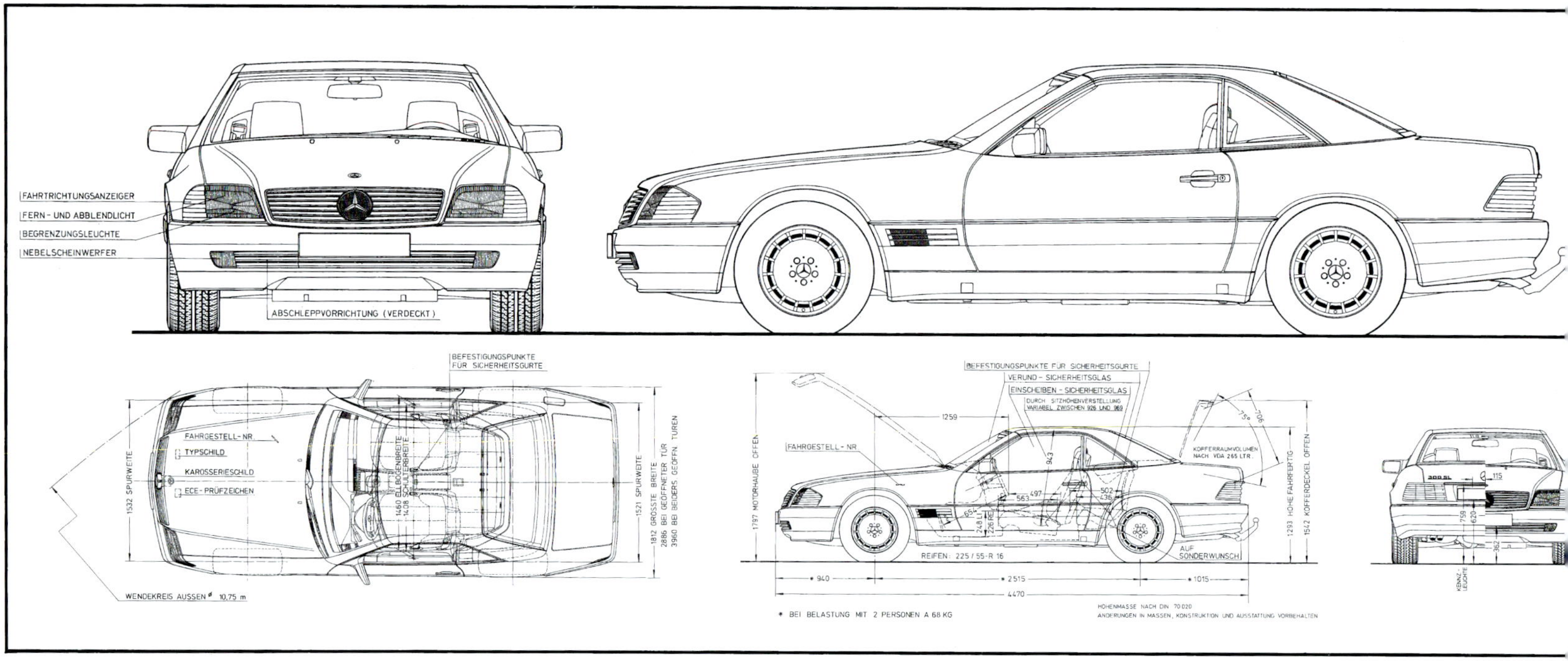
FAHRTRICHTUNGSANZEIGER
FERN- UND ABBLENDLICHT
BEGRENZUNGSLEUCHTE
NEBELSCHEINWERFER
ABSCHLEPPVORRICHTUNG (VERDECKT)
BEFESTIGUNGSPUNKTE FÜR SICHERHEITSGURTE
FAHRGESTELL-NR
TYPSCHILD
KAROSSERIESCHILD
ECE-PRÜFZEICHEN
1532 SPURWEITE
1521 SPURWEITE
1812 GRÖSSTE BREITE
2886 BEI GEÖFFNETER TÜR
3960 BEI BEIDERS. GEÖFFN. TÜREN
WENDEKREIS AUSSEN ø 10,75 m
BEFESTIGUNGSPUNKTE FÜR SICHERHEITSGURTE
VERBUND-SICHERHEITSGLAS
EINSCHEIBEN-SICHERHEITSGLAS
KOFFERRAUMVOLUMEN NACH VDA 265 LTR.
1797 MOTORHAUBE OFFEN
1293 HÖHE FAHRFERTIG
1542 KOFFERDECKEL OFFEN
REIFEN: 225/55-R 16
AUF SONDERWUNSCH
940
2515
1015
4470
• BEI BELASTUNG MIT 2 PERSONEN A 68 KG
HÖHENMASSE NACH DIN 70 020
ÄNDERUNGEN IN MASSEN, KONSTRUKTION UND AUSSTATTUNG VORBEHALTEN

LB-RA 129

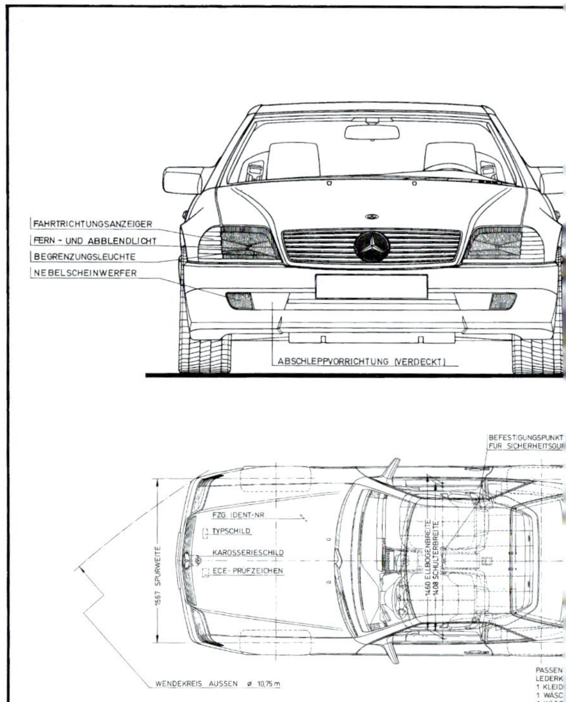
FAHRTRICHTUNGSANZEIGER
FERN- UND ABBLENDLICHT
BEGRENZUNGSLEUCHTE
NEBELSCHEINWERFER
ABSCHLEPPVORRICHTUNG (VERDECKT)
FZG. IDENT-NR
TYPSCHILD
KAROSSERIESCHILD
ECE-PRÜFZEICHEN
1567 SPURWEITE
WENDEKREIS AUSSEN ø 10,75 m

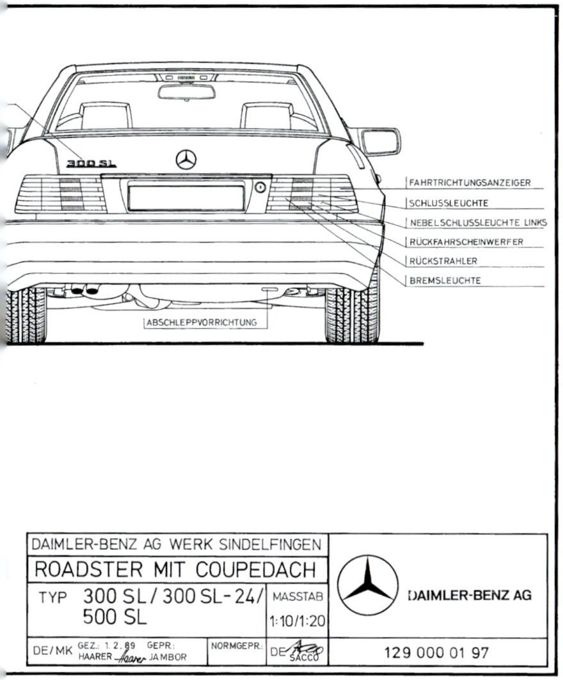
300 SL
FAHRTRICHTUNGSANZEIGER
SCHLUSSLEUCHTE
NEBELSCHLUSSLEUCHTE LINKS
RÜCKFAHRSCHEINWERFER
RÜCKSTRAHLER
BREMSLEUCHTE
ABSCHLEPPVORRICHTUNG
DAIMLER-BENZ AG WERK SINDELFINGEN
ROADSTER MIT COUPEDACH
TYP 300 SL / 300 SL-24 / 500 SL
MASSTAB 1:10/1:20
DE/MK GEZ.: 1.2.89 HAARER GEPR.: JAMBOR NORMGEPR. DE SACCO
DAIMLER-BENZ AG
129 000 01 97

S-LP 7297

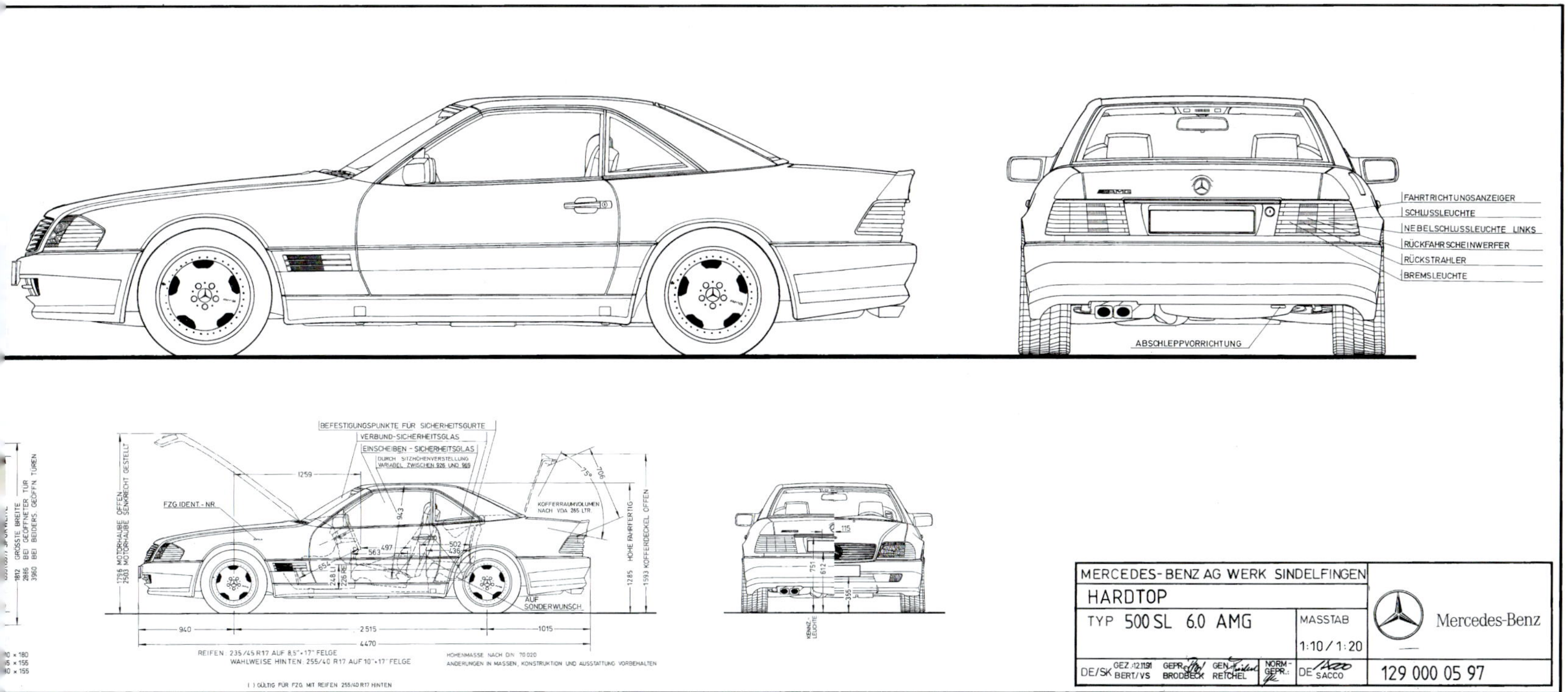
AMG
FAHRTRICHTUNGSANZEIGER
SCHLUSSLEUCHTE
NEBELSCHLUSSLEUCHTE LINKS
RÜCKFAHRSCHEINWERFER
RÜCKSTRAHLER
BREMSLEUCHTE
ABSCHLEPPVORRICHTUNG
BEFESTIGUNGSPUNKTE FÜR SICHERHEITSGURTE
VERBUND-SICHERHEITSGLAS
EINSCHEIBEN - SICHERHEITSGLAS
FZG IDENT - NR
KOFFERRAUMVOLUMEN NACH VDA 265 LTR
AUF SONDERWUNSCH
REIFEN: 235/45 R17 AUF 8,5"×17" FELGE
WAHLWEISE HINTEN: 255/40 R17 AUF 10"×17" FELGE
MERCEDES-BENZ AG WERK SINDELFINGEN
HARDTOP
TYP 500 SL 6.0 AMG
MASSTAB 1:10 / 1:20
DE/SK GEZ. 12.11.91 BERT/VS GEPR. BRODBECK GEN. RETCHEL NORM-GEPR. DE SACCO
Mercedes-Benz
129 000 05 97

Technische Daten Baureihe R 129 (1989–1995)

	SL 280	300 SL	300 SL-24
Baumuster	129.058	129.060	129.061
Stückzahl	10.319 bis 06/1998	12.020	26.984
Motortyp	M 104 E 28	M 103 E 30	M 104 E 30
Bauart	Sechszylinder-Ottoreihenmotor, 15 Grad nach rechts geneigt, zwei Einlass- und zwei Auslassventile pro Zylinder, geregelter 3-Wege-Katalysator	Sechszylinder-Ottoreihenmotor, 15 Grad nach rechts geneigt, ein Einlass- und ein Auslassventil pro Zylinder, geregelter 3-Wege-Katalysator	Sechszylinder-Ottoreihenmotor, 15 Grad nach rechts geneigt, zwei Einlass- und zwei Auslassventile pro Zylinder, geregelter 3-Wege-Katalysator
Ventilsteuerung	zwei obenliegende Nockenwellen (Einlass-Nockenwelle verstellbar)	eine obenliegende Nockenwelle	zwei obenliegende Nockenwellen (Einlass-Nockenwelle verstellbar)
Hubraum (cm³)	2799	2960	2960
Nennleistung	142 kW / 193 PS bei 5500/min	140 kW / 190 PS bei 5700/min	170 kW / 231 PS bei 6300/min
Nenndrehmoment	270 Nm bei 3750/min	260 Nm bei 4500/min	272 Nm bei 4600/min
Getriebe	Fünfgang-Schaltgetriebe Serie (Viergang- oder Fünfgang-Automatikgetriebe als Sonderausstattung)	Fünfgang-Schaltgetriebe Serie (Viergang-Automatikgetriebe als Sonderausstattung)	Fünfgang-Schaltgetriebe Serie (Viergang- oder ab 09/1989 Fünfgang-Automatikgetriebe als Sonderausstattung)
Vorderachse	Dreiecks-Querlenker-Achse, Schraubenfedern, Gasdruckstoßdämpfer, Drehstab-Stabilisator	Dreiecks-Querlenker-Achse, Schraubenfedern, Gasdruckstoßdämpfer, Drehstab-Stabilisator	Dreiecks-Querlenker-Achse, Schraubenfedern, Gasdruckstoßdämpfer, Drehstab-Stabilisator
Hinterachse	Raumlenkerachse, Schraubenfedern, Gasdruckstoßdämpfer, Drehstab-Stabilisator	Raumlenkerachse, Schraubenfedern, Gasdruckstoßdämpfer, Drehstab-Stabilisator	Raumlenkerachse, Schraubenfedern, Gasdruckstoßdämpfer, Drehstab-Stabilisator
Bremsanlage	vier Scheibenbremsen, vorn innenbelüftet	vier Scheibenbremsen, vorn innenbelüftet	vier Scheibenbremsen, vorn innenbelüftet
Bereifung	225/55 ZR 16 vorn und hinten	225/55 ZR 16 vorn und hinten	225/55 ZR 16 vorn und hinten
Länge / Breite (ohne Spiegel) / Höhe (mm)	4470 / 1812 / 1303	4470 / 1812 / 1303	4470 / 1812 / 1303
Leergewicht (kg)	1760	1650 (ab 09/1991 1700)	1690 (ab 09/1991 1740)
zulässiges Gesamtgewicht (kg)	2150	2040 (ab 09/1991 2090)	2080 (ab 09/1991 2130)
Beschleunigung 0-100 km/h (s)	10,2 (9,9 / 9,9)	9,3 (9,5)	8,4 (8,4 / 8,4)
Höchstgeschwindigkeit (km/h)	230 (225 / 225)	228 (223)	240 (235 / 230)
Verbrauch (l/100 km)**	9,9 (10,5 / 9,9)	10,3 (10,9)	10,4 (10,9 / 10,0)
Grundpreise******	05/1993: 114.665 DM	03/1989: 89.490 DM	03/1989: 99.180 DM
	05/1995: 117.875 DM	03/1993: 113.505 DM	03/1993: 120.923 DM

*Werte für Automatikgetriebe in Klammern **bei 120 km/h nach Richtlinie 80/1268/EWG ***elektronisch abgeregelt ****einschl. Mehrwertsteuer

SL 320	500 SL (ab 06/1993 »SL 500«)	600 SL (ab 06/1993 »SL 600«)	SL 60 AMG (ab 06/1993)
129.063	129.066 (ab 09/1992 129.067)	129.076	129.067
32.223	79.827 bis 06/1998	11.089 bis 05/2001	nicht separat dokumentiert
M 104 E 32	M 119 E 50	M 120 E 60	M 119 E 60 AMG
Sechszylinder-Ottoreihenmotor, 15 Grad nach rechts geneigt, zwei Einlass- und zwei Auslassventile pro Zylinder, geregelter 3-Wege-Katalysator	Achtzylinder-V-Ottomotor, 90 Grad Zylinderwinkel, zwei Einlass- und ein Auslassventil pro Zylinder, geregelter 3-Wege-Katalysator	Zwölfzylinder-V-Ottomotor, 60 Grad Zylinderwinkel, zwei Einlass- und ein Auslassventil pro Zylinder, geregelter 3-Wege-Katalysator	Achtzylinder-V-Ottomotor, 90 Grad Zylinderwinkel, zwei Einlass- und ein Auslassventil pro Zylinder, geregelter 3-Wege-Katalysator
zwei obenliegende Nockenwellen (Einlass-Nockenwelle verstellbar)	je Zylinderreihe zwei obenliegende Nockenwellen (Einlass-Nockenwellen verstellbar)	je Zylinderreihe zwei obenliegende Nockenwellen (Einlass-Nockenwellen verstellbar)	je Zylinderreihe zwei obenliegende Nockenwellen (Einlass-Nockenwellen verstellbar)
3199	4973	5987	5956
170 kW / 231 PS bei 5600/min	240 kW / 326 PS bei 5500/min 235 kW / 320 PS bei 5600/min (ab 09/1992)	290 kW / 394 PS bei 5200/min	280 kW / 381 PS bei 5500/min
315 Nm bei 3750/min	450 Nm bei 4000/min 470 Nm bei 3900/min (ab 09/1992)	570 Nm bei 3800/min	580 Nm bei 3750/min
Fünfgang-Automatikgetriebe Serie	Viergang-Automatikgetriebe Serie (ab 09/1995 Fünfgang-Automatikgetriebe Serie)	Viergang-Automatikgetriebe Serie (ab 09/1995 Fünfgang-Automatikgetriebe Serie)	Viergang-Automatikgetriebe Serie (ab 09/1995 Fonfgang-Automatikgetriebe Serie)
Dreiecks-Querlenker-Achse, Schraubenfedern, Gasdruckstoßdämpfer, Drehstab-Stabilisator	Dreiecks-Querlenker-Achse, Schraubenfedern, Gasdruckstoßdämpfer, Drehstab-Stabilisator	Dreiecks-Querlenker-Achse, Schraubenfedern, hydropneumatische Federbeine mit variabler Dämpfung, Drehstab-Stabilisator	Dreiecks-Querlenker-Achse, Schraubenfedern, Gasdruckstoßdämpfer, Drehstab-Stabilisator
Raumlenkerachse, Schraubenfedern, Gasdruckstoßdämpfer, Drehstab-Stabilisator	Raumlenkerachse, Schraubenfedern, Gasdruckstoßdämpfer, Drehstab-Stabilisator	Raumlenkerachse, Schraubenfedern, hydropneumatische Federbeine mit variabler Dämpfung, Drehstab-Stabilisator	Raumlenkerachse, Schraubenfedern, Gasdruckstoßdämpfer, Drehstab-Stabilisator
vier Scheibenbremsen, vorn innenbelüftet	vier Scheibenbremsen, vorn innenbelüftet	vier Scheibenbremsen, vorn und hinten innenbelüftet	vier Scheibenbremsen, vorn und hinten innenbelüftet
225/55 ZR 16 vorn und hinten	225/55 ZR 16 vorn und hinten	225/55 ZR 16 vorn und hinten	235/45 ZR 17 vorn,255/40 ZR 17 hinten
4470 / 1812 / 1303	4470 / 1812 / 1303	4470 / 1812 / 1296	4470 / 1812 / 1296
1780	1770 (ab 09/1991 1800)	1980	1800
2170	2160 (ab 09/1991 2190)	2320	2190
- (8,4)	- (6,2; ab 09/1992 6,5)	- (6,1)	- (5,6)
- (240)	- (250)***	- (250)***	- (250)****
- (10,0)	- (12,0; ab 09/1992 11,5)	- (13,2)	- (11,5)
05/1993: 125.925 DM	03/1989: 125.400 DM	05/1993: 220.110 DM	03/1994: 194.580 DM
05/1995: 129.318 DM	05/1995: 163.070 DM	05/1995: 223.330 DM	05/1995: 197.915 DM

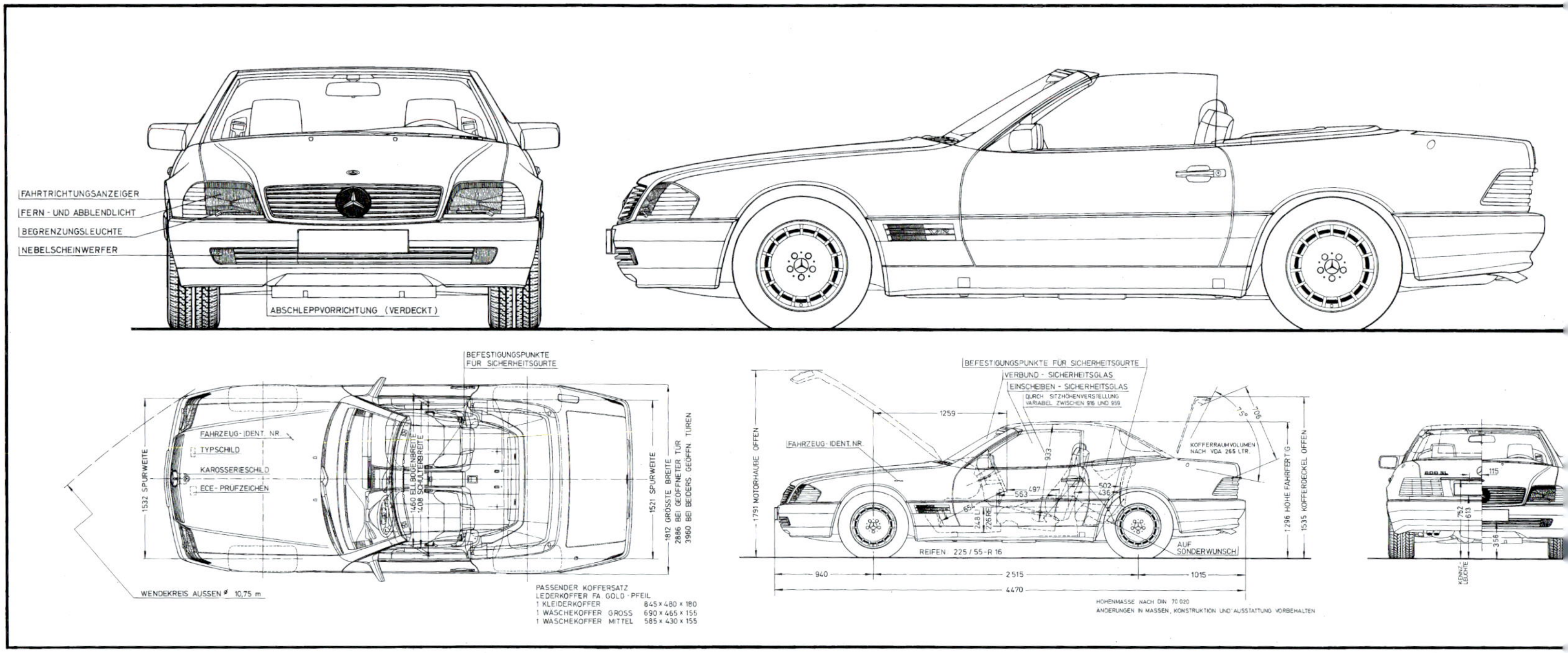
FAHRTRICHTUNGSANZEIGER
FERN - UND ABBLENDLICHT
BEGRENZUNGSLEUCHTE
NEBELSCHEINWERFER
ABSCHLEPPVORRICHTUNG (VERDECKT)
BEFESTIGUNGSPUNKTE FÜR SICHERHEITSGURTE
FAHRZEUG - IDENT. NR.
TYPSCHILD
KAROSSERIESCHILD
ECE - PRÜFZEICHEN
1532 SPURWEITE
1521 SPURWEITE
1812 GRÖSSTE BREITE
WENDEKREIS AUSSEN ø 10,75 m
PASSENDER KOFFERSATZ
LEDERKOFFER FA GOLD - PFEIL
1 KLEIDERKOFFER 845 x 480 x 180
1 WASCHEKOFFER GROSS 690 x 465 x 155
1 WASCHEKOFFER MITTEL 585 x 430 x 155
VERBUND - SICHERHEITSGLAS
EINSCHEIBEN - SICHERHEITSGLAS
1791 MOTORHAUBE OFFEN
REIFEN 225 / 55 - R 16
AUF SONDERWUNSCH
940
2515
1015
4470

N87 MAV

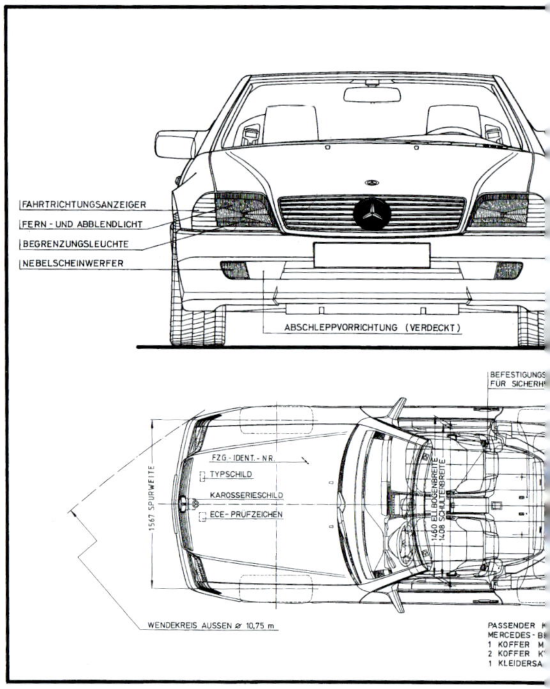
FAHRTRICHTUNGSANZEIGER
FERN - UND ABBLENDLICHT
BEGRENZUNGSLEUCHTE
NEBELSCHEINWERFER
ABSCHLEPPVORRICHTUNG (VERDECKT)
FZG. - IDENT. - NR.
TYPSCHILD
KAROSSERIESCHILD
ECE - PRÜFZEICHEN
1567 SPURWEITE
WENDEKREIS AUSSEN ø 10,75 m

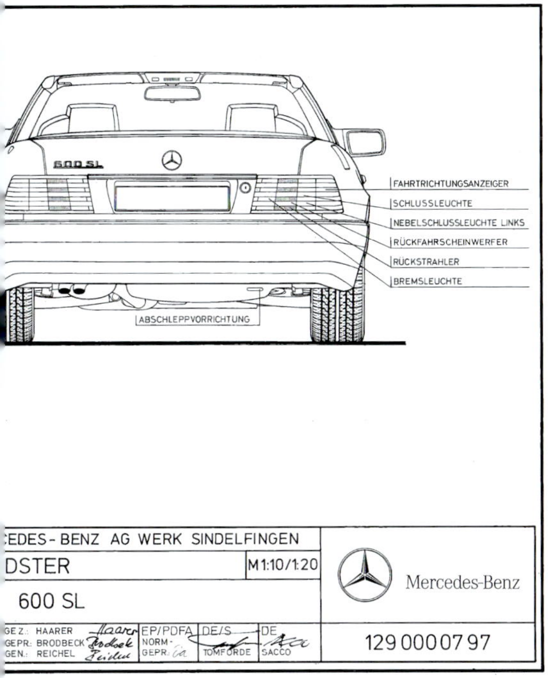
600 SL
FAHRTRICHTUNGSANZEIGER
SCHLUSSLEUCHTE
NEBELSCHLUSSLEUCHTE LINKS
RÜCKFAHRSCHEINWERFER
RÜCKSTRAHLER
BREMSLEUCHTE
ABSCHLEPPVORRICHTUNG
CEDES-BENZ AG WERK SINDELFINGEN
DSTER
M1:10/1:20
600 SL
Mercedes-Benz
GEZ.: HAARER
GEPR.: BRODBECK
GEN.: REICHEL
EP/PDFA
NORM
GEPR.
DE/S
TOMFORDE
DE
SACCO
129 000 07 97

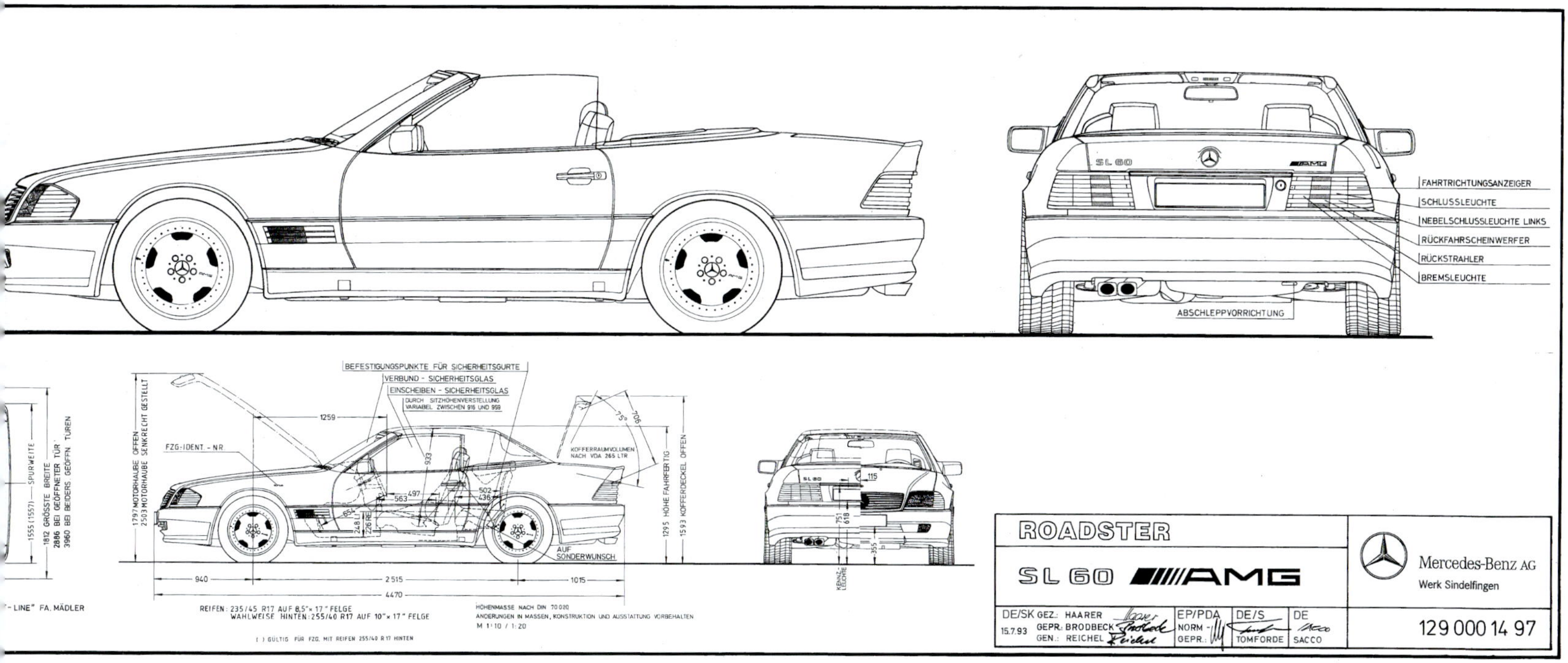
SL 60
FAHRTRICHTUNGSANZEIGER
SCHLUSSLEUCHTE
NEBELSCHLUSSLEUCHTE LINKS
RÜCKFAHRSCHEINWERFER
RÜCKSTRAHLER
BREMSLEUCHTE
ABSCHLEPPVORRICHTUNG
BEFESTIGUNGSPUNKTE FÜR SICHERHEITSGURTE
VERBUND - SICHERHEITSGLAS
EINSCHEIBEN - SICHERHEITSGLAS
FZG-IDENT.-NR
KOFFERRAUMVOLUMEN NACH VDA 265 LTR
AUF SONDERWUNSCH
REIFEN: 235/45 R17 AUF 8,5" × 17" FELGE
WAHLWEISE HINTEN: 255/40 R17 AUF 10" × 17" FELGE
HÖHENMASSE NACH DIN 70 020
ÄNDERUNGEN IN MASSEN, KONSTRUKTION UND AUSSTATTUNG VORBEHALTEN
M 1:10 / 1:20
"-LINE" FA. MÄDLER
ROADSTER
SL 60 AMG
Mercedes-Benz AG
Werk Sindelfingen
DE/SK 15.7.93
GEZ.: HAARER
GEPR.: BRODBECK
GEN.: REICHEL
EP/PDA
NORM
GEPR.
DE/S
TOMFORDE
DE
SACCO
129 000 14 97

Technische Daten Baureihe R 129 (1995–1998)

	SL 280	SL 320
Baumuster	129.058	129.063
Stückzahl	seit 02/1993 10.319	seit 02/1993 32.223
Motortyp	M 104 E 28	M 104 E 32
Bauart	Sechszylinder-Ottoreihenmotor, 15 Grad nach rechts geneigt, zwei Einlass- und zwei Auslassventile pro Zylinder, geregelter 3-Wege-Katalysator	Sechszylinder-Ottoreihenmotor, 15 Grad nach rechts geneigt, zwei Einlass- und zwei Auslassventile pro Zylinder, geregelter 3-Wege-Katalysator
Ventilsteuerung	zwei obenliegende Nockenwellen (Einlass-Nockenwelle verstellbar)	zwei obenliegende Nockenwellen (Einlass-Nockenwelle verstellbar)
Hubraum (cm³)	2799	3199
Nennleistung	142 kW / 193 PS bei 5500/min	170 kW / 231 PS bei 5600/min
Nenndrehmoment	270 Nm bei 3750/min	315 Nm bei 3750/min
Getriebe	Fünfgang-Schaltgetriebe Serie (Viergang- oder Fünfgang-Automatikgetriebe als Sonderausstattung)	Fünfgang-Automatikgetriebe Serie
Vorderachse	Dreiecks-Querlenker-Achse, Schraubenfedern, Gasdruckstoßdämpfer, Drehstab-Stabilisator	Dreiecks-Querlenker-Achse, Schraubenfedern, Gasdruckstoßdämpfer, Drehstab-Stabilisator
Hinterachse	Raumlenkerachse, Schraubenfedern, Gasdruckstoßdämpfer, Drehstab-Stabilisator	Raumlenkerachse, Schraubenfedern, Gasdruckstoßdämpfer, Drehstab-Stabilisator
Bremsanlage	vier Scheibenbremsen, vorn innenbelüftet	vier Scheibenbremsen, vorn innenbelüftet
Bereifung	225/55 ZR 16 vorn und hinten	225/55 ZR 16 vorn und hinten
Länge / Breite (ohne Spiegel) / Höhe (mm)	4499 / 1812 / 1303	4499 / 1812 / 1303
Leergewicht (kg)	1830	1850
zulässiges Gesamtgewicht (kg)	2150	2170
Beschleunigung 0-100 km/h (s)	10,2 (9,9)	- (8,4)
Höchstgeschwindigkeit (km/h)	230 (225)	- (240)
Verbrauch (l/100 km)**	9,9 (10,2)	- (10,0)
Grundpreise******	09/1995: 122.475 DM	09/1995: 133.918 DM
	04/1998: 127.020 DM	04/1998: 138.504 DM

*Werte für Automatikgetriebe in Klammern
**bei 120 km/h nach Richtlinie 80/1268/EWG
***elektronisch abgeregelt
****einschl. Mehrwertsteuer

SL 500	SL 600	SL 60 AMG
129.067	129.076	129.067
seit 06/1988 79.827	von 08/1991 bis 05/2001 11.089	nicht separat dokumentiert
M 119 E 50	M 120 E 60	M 119 E 60 AMG
Achtzylinder-V-Ottomotor, 90 Grad Zylinderwinkel, zwei Einlass- und ein Auslassventil pro Zylinder, geregelter 3-Wege-Katalysator	Zwölfzylinder-V-Ottomotor, 60 Grad Zylinderwinkel, zwei Einlass- und ein Auslassventil pro Zylinder, geregelter 3-Wege-Katalysator	Achtzylinder-V-Ottomotor, 90 Grad Zylinderwinkel, zwei Einlass- und ein Auslassventil pro Zylinder, geregelter 3-Wege-Katalysator
je Zylinderreihe zwei obenliegende Nockenwellen (Einlass-Nockenwellen verstellbar)	je Zylinderreihe zwei obenliegende Nockenwellen (Einlass-Nockenwellen verstellbar)	je Zylinderreihe zwei obenliegende Nockenwellen (Einlass-Nockenwellen verstellbar)
4973	5987	5956
235 kW / 320 PS bei 5600/min	290 kW / 394 PS bei 5200/min	280 kW / 381 PS bei 5500/min
470 Nm bei 3900/min	570 Nm bei 3800/min	580 Nm bei 3750/min
Fünfgang-Automatikgetriebe Serie	Fünfgang-Automatikgetriebe Serie	Fünfgang-Automatikgetriebe Serie
Dreiecks-Querlenker-Achse, Schraubenfedern, Gasdruckstoßdämpfer, Drehstab-Stabilisator	Dreiecks-Querlenker-Achse, Schraubenfedern, hydropneumatische Federbeine mit variabler Dämpfung, Drehstab-Stabilisator	Dreiecks-Querlenker-Achse, Schraubenfedern, Gasdruckstoßdämpfer, Drehstab-Stabilisator
Raumlenkerachse, Schraubenfedern, Gasdruckstoßdämpfer, Drehstab-Stabilisator	Raumlenkerachse, Schraubenfedern, hydropneumatische Federbeine mit variabler Dämpfung, Drehstab-Stabilisator	Raumlenkerachse, Schraubenfedern, Gasdruckstoßdämpfer, Drehstab-Stabilisator
vier Scheibenbremsen, vorn innenbelüftet	vier Scheibenbremsen, vorn und hinten innenbelüftet	vier Scheibenbremsen, vorn und hinten innenbelüftet
225/55 ZR 16 vorn und hinten	225/55 ZR 16 vorn und hinten	245/40 ZR 18 vorn 275/35 ZR 18 hinten
4499 / 1812 / 1303	4499 / 1812 / 1296	4499 / 1812 / 1296
1910	2050	1930
2230	2320	2230
- (6,5)	- (6,1)	- (5,8)
- (250)***	- (250)***	- (250)****
- (11,5)	- (11,2)	- (11,5)
09/1995: 167.670 DM	09/1995: 223.330 DM	09/1995: 217.465 DM
04/1998: 173.420 DM	04/1998: 225.272 DM	04/1998: 223.648 DM

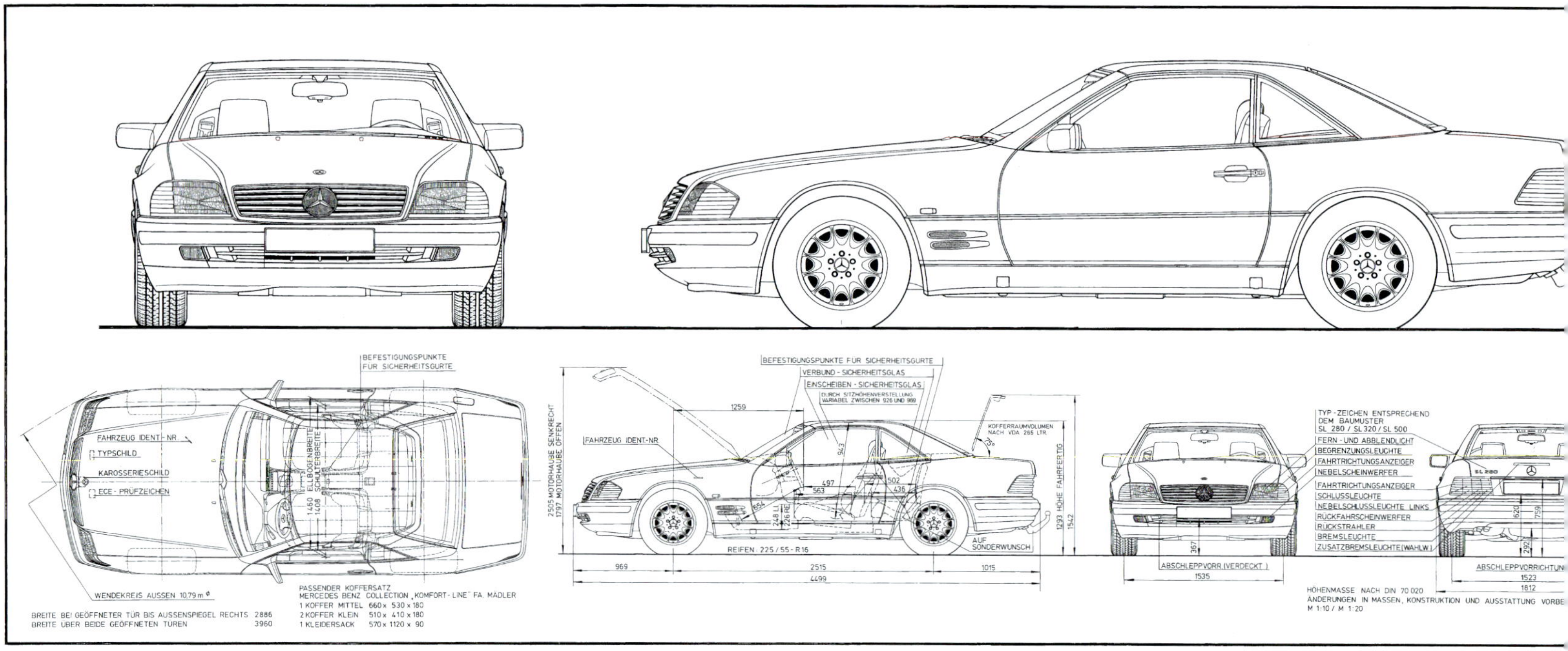
BEFESTIGUNGSPUNKTE
FÜR SICHERHEITSGURTE
FAHRZEUG IDENT-NR.
TYPSCHILD
KAROSSERIESCHILD
ECE-PRÜFZEICHEN
1460 ELLBOGENBREITE
1408 SCHULTERBREITE
WENDEKREIS AUSSEN 10,79 m Ø
BREITE BEI GEÖFFNETER TÜR BIS AUSSENSPIEGEL RECHTS 2886
BREITE ÜBER BEIDE GEÖFFNETEN TÜREN 3960
PASSENDER KOFFERSATZ
MERCEDES BENZ COLLECTION „KOMFORT-LINE" FA. MÄDLER
1 KOFFER MITTEL 660 x 530 x 180
2 KOFFER KLEIN 510 x 410 x 180
1 KLEIDERSACK 570 x 1120 x 90
BEFESTIGUNGSPUNKTE FÜR SICHERHEITSGURTE
VERBUND - SICHERHEITSGLAS
EINSCHEIBEN - SICHERHEITSGLAS
2505 MOTORHAUBE SENKRECHT
1797 MOTORHAUBE OFFEN
FAHRZEUG IDENT-NR
KOFFERRAUMVOLUMEN NACH VDA 265 LTR.
1293 HÖHE FAHRFERTIG
1542
REIFEN: 225/55-R16
AUF SONDERWUNSCH
969
2515
1015
4499
TYP-ZEICHEN ENTSPRECHEND DEM BAUMUSTER
SL 280 / SL 320 / SL 500
FERN- UND ABBLENDLICHT
BEGRENZUNGSLEUCHTE
FAHRTRICHTUNGSANZEIGER
NEBELSCHEINWERFER
FAHRTRICHTUNGSANZEIGER
SCHLUSSLEUCHTE
NEBELSCHLUSSLEUCHTE LINKS
RÜCKFAHRSCHEINWERFER
RÜCKSTRAHLER
BREMSLEUCHTE
ZUSATZBREMSLEUCHTE(WAHLW.)
ABSCHLEPPVORR.(VERDECKT)
1535
ABSCHLEPPVORRICHTUN
1523
1812
HÖHENMASSE NACH DIN 70 020
ÄNDERUNGEN IN MASSEN, KONSTRUKTION UND AUSSTATTUNG VORBE
M 1:10 / M 1:20

V12

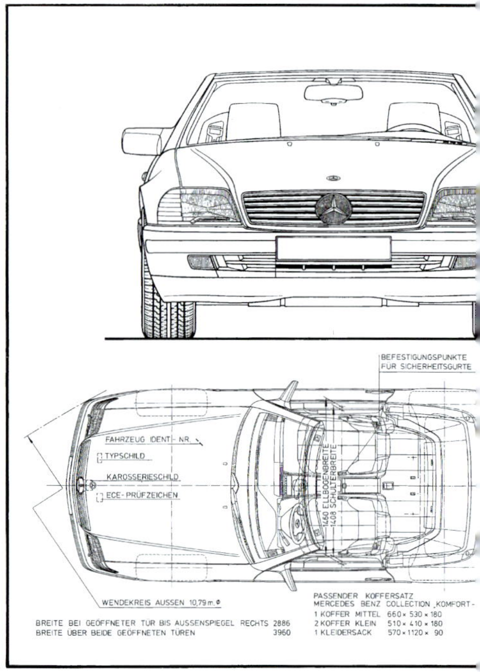
BEFESTIGUNGSPUNKTE
FÜR SICHERHEITSGURTE
FAHRZEUG IDENT-NR.
TYPSCHILD
KAROSSERIESCHILD
ECE-PRÜFZEICHEN
1460 ELLBOGENBREITE
1408 SCHULTERBREITE
WENDEKREIS AUSSEN 10,79 m Ø
BREITE BEI GEÖFFNETER TÜR BIS AUSSENSPIEGEL RECHTS 2886
BREITE ÜBER BEIDE GEÖFFNETEN TÜREN 3960
PASSENDER KOFFERSATZ
MERCEDES BENZ COLLECTION „KOMFORT-
1 KOFFER MITTEL 660 x 530 x 180
2 KOFFER KLEIN 510 x 410 x 180
1 KLEIDERSACK 570 x 1120 x 90

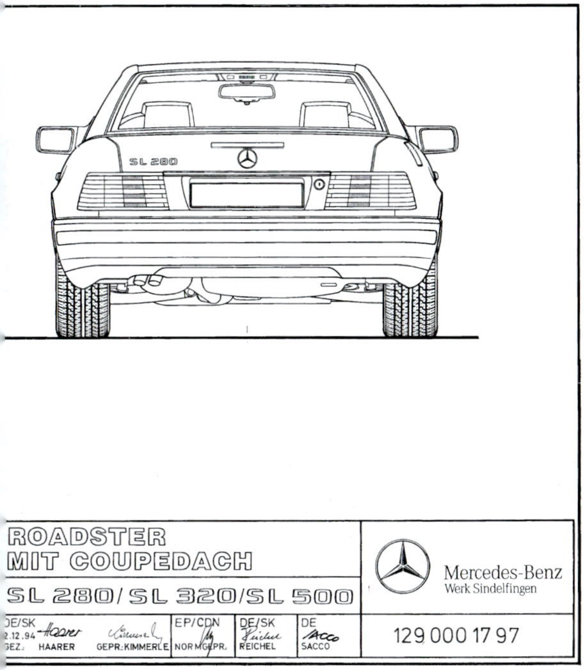
SL 280
ROADSTER
MIT COUPEDACH
SL 280/SL 320/SL 500
Mercedes-Benz
Werk Sindelfingen
DE/SK
2.12.94
GEZ.: HAARER
GEPR.:KIMMERLE
EP/CDN
NORMGEPR.
DE/SK
REICHEL
DE
SACCO
129 000 17 97

S LP 7297

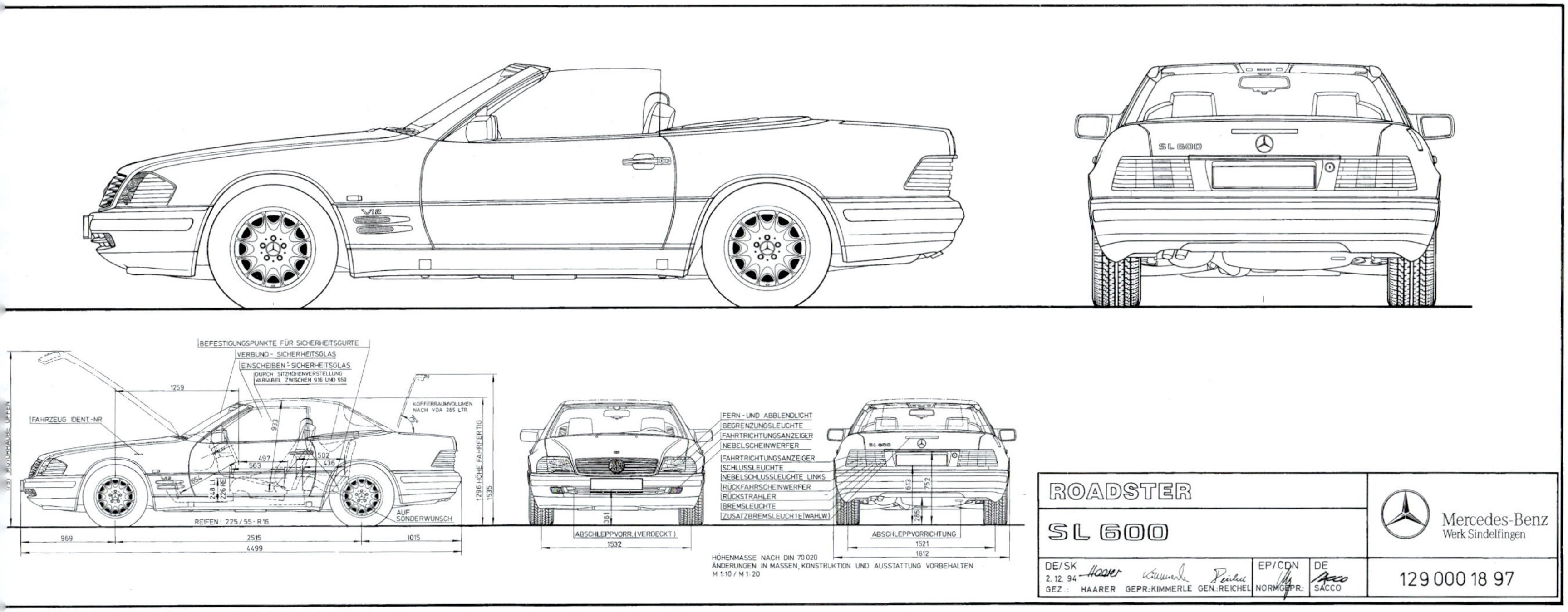
V12
SL 600
BEFESTIGUNGSPUNKTE FÜR SICHERHEITSGURTE
VERBUND - SICHERHEITSGLAS
EINSCHEIBEN - SICHERHEITSGLAS
FAHRZEUG IDENT-NR
REIFEN: 225/55-R16
AUF SONDERWUNSCH
969
2515
1015
4499
FERN- UND ABBLENDLICHT
BEGRENZUNGSLEUCHTE
FAHRTRICHTUNGSANZEIGER
NEBELSCHEINWERFER
FAHRTRICHTUNGSANZEIGER
SCHLUSSLEUCHTE
NEBELSCHLUSSLEUCHTE LINKS
RÜCKFAHRSCHEINWERFER
RÜCKSTRAHLER
BREMSLEUCHTE
ZUSATZBREMSLEUCHTE(WAHLW.)
ABSCHLEPPVORR.(VERDECKT)
1532
ABSCHLEPPVORRICHTUNG
1521
1812
HÖHENMASSE NACH DIN 70 020
ÄNDERUNGEN IN MASSEN, KONSTRUKTION UND AUSSTATTUNG VORBEHALTEN
M 1:10 / M 1:20
ROADSTER
SL 600
Mercedes-Benz
Werk Sindelfingen
DE/SK
2.12.94
GEZ.: HAARER
GEPR.:KIMMERLE
GEN.:REICHEL
EP/CDN
NORMGEPR.:
DE
SACCO
129 000 18 97

Technische Daten Baureihe R 129 (1998–2001)

	SL 280	SL 320	SL 500
Baumuster	129.059	129.064	129.068
Stückzahl	1704	7070	23.704
Motortyp	M 112 E 28	M 112 E 32L	M 113 E 50
Bauart	Sechszylinder-V-Ottomotor, 90 Grad Zylinderwinkel, zwei Einlass- und ein Auslassventil pro Zylinder, geregelter 3-Wege-Katalysator	Sechszylinder-V-Ottomotor, 90 Grad Zylinderwinkel, zwei Einlass- und ein Auslassventil pro Zylinder, geregelter 3-Wege-Katalysator	Achtzylinder-V-Ottomotor, 90 Grad Zylinderwinkel, zwei Einlass- und ein Auslassventil pro Zylinder, geregelter 3-Wege-Katalysator
Ventilsteuerung	je Zylinderreihe eine obenliegende Nockenwelle	je Zylinderreihe eine obenliegende Nockenwelle	je Zylinderreihe eine obenliegende Nockenwelle
Hubraum (cm³)	2799	3199	4966
Nennleistung	150 kW / 204 PS bei 5700/min	165 kW / 224 PS bei 5600/min	225 kW / 306 PS bei 5600/min
Nenndrehmoment	270 Nm bei 3000 - 5000/min	315 Nm bei 3000 - 4800/min	460 Nm bei 2700 - 4250/min
Getriebe	Fünfgang-Schaltgetriebe Serie (Fünfgang-Automatikgetriebe als Sonderausstattung)	Fünfgang-Automatikgetriebe Serie	Fünfgang-Automatikgetriebe Serie
Vorderachse	Dreiecks-Querlenker-Achse, Schraubenfedern, Gasdruckstoßdämpfer, Drehstab-Stabilisator	Dreiecks-Querlenker-Achse, Schraubenfedern, Gasdruckstoßdämpfer, Drehstab-Stabilisator	Dreiecks-Querlenker-Achse, Schraubenfedern, Gasdruckstoßdämpfer, Drehstab-Stabilisator
Hinterachse	Raumlenkerachse, Schraubenfedern, Gasdruckstoßdämpfer	Raumlenkerachse, Schraubenfedern, Gasdruckstoßdämpfer	Raumlenkerachse, Schraubenfedern, Gasdruckstoßdämpfer
Bremsanlage	vier Scheibenbremsen, vorn innenbelüftet	vier Scheibenbremsen, vorn innenbelüftet	vier Scheibenbremsen, vorn innenbelüftet
Bereifung	245/45 R 17 vorn und hinten	245/45 R 17 vorn und hinten	245/45 R 17 vorn und hinten
Länge / Breite (ohne Spiegel) / Höhe (mm)	4499 / 1812 / 1300	4499 / 1812 / 1300	4499 / 1812 / 1300
Leergewicht (kg)	1810	1830	189ß
zulässiges Gesdamtgewicht (kg)	2130	2150	2210
Beschleunigung 0-100 km/h (s)	9,5 (9,5)	- (8,4)	- (6,5)
Höchstgeschwindigkeit (km/h)	232 (228)	- (238)	- (250)***
Verbrauch** (l/100 km)	8,7 (8,6)	- (11,5)	- (12,7)
Grundpreise****	06/1998: 127.020 DM	06/1998: 138.504 DM	06/1998: 173.420 DM
	01/2001: 131.134 DM	01/2001: 142.705 DM	01/2001: 176.964 DM

*Werte für Automatikgetriebe in Klammern;
**kombiniert nach Richtlinie 93/116/EG;
***elektronisch abgeregelt
****einschl. Mehrwertsteuer

	SL 600	SL 55 AMG	SL 73 AMG
	129.076	129.068	129.076
	seit 08/1991 11.089	nicht separat dokumentiert	nicht separat dokumentiert
	M 120 E 60	M 113 E 55	M 120 E 73
	Zwölfzylinder-V-Ottomotor, 60 Grad Zylinderwinkel, zwei Einlass- und zwei Auslassventile pro Zylinder, geregelter 3-Wege-Katalysator	Achtzylinder-V-Ottomotor, 90 Grad Zylinderwinkel, zwei Einlass- und ein Auslass-ventil pro Zylinder, geregelter 3-Wege-Katalysator	Zwölfzylinder-V-Ottomotor, 60 Grad Zylinderwinkel, zwei Einlass- und zwei Auslassventile pro Zylinder, geregelter 3-Wege-Katalysator
	je Zylinderreihe zwei obenliegende Nockenwellen (Einlass-Nockenwellen verstellbar)	je Zylinderreihe eine obenliegende Nockenwelle	je Zylinderreihe zwei obenliegende Nockenwellen (Einlass-Nockenwellen verstellbar)
	5987	5439	7291
	290 kW / 394 PS bei 5200/min	260 kW / 354 PS bei 5500/min	386 kW / 525 PS bei 5500/min
	570 Nm bei 3800/min	530 Nm bei 3000/min	750 Nm bei 4000/min
	Fünfgang-Automatikgetriebe Serie	Fünfgang-Automatikgetriebe Serie	Fünfgang-Automatikgetriebe Serie
	Dreiecks-Querlenker-Achse, Schraubenfedern, hydropneumatische Federbeine mit variabler Dämpfung, Drehstab-Stabilisator	Dreiecks-Querlenker-Achse, Schraubenfedern, Gasdruckstoßdämpfer, Drehstab-Stabilisator	Dreiecks-Querlenker-Achse, Schraubenfedern, hydropneumatische Federbeine mit variabler Dämpfung, Drehstab-Stabilisator
	Raumlenkerachse, Schraubenfedern, hydropneumatische Federbeine mit variabler Dämpfung, Drehstab-Stabilisator	Raumlenkerachse, Schraubenfedern, Gasdruckstoßdämpfer	Raumlenkerachse, Schraubenfedern, hydropneumatische Federbeine mit variabler Dämpfung, Drehstab-Stabilisator
	vier Scheibenbremsen, vorn und hinten innenbelüftet	vier Scheibenbremsen, vorn und hinten innenbelüftet	vier Scheibenbremsen, vorn und hinten innenbelüftet
	245/45 R 17 vorn und hinten	245/40 ZR 18 vorn, 275/30 ZR 18 hinten	245/40 ZR 18 vorn, 275/35 ZR 18 hinten
	4499 / 1812 / 1296	4499 / 1812 / 1300	4499 / 1812 / 1296
	2050	1890	2050
	2320	2210	2320
	- (6,1)	- (5,9)	- (4,8)
	- (250)***	- (250)***	- (250)***
	- (15,5)	- (12,8)	- (15,9)
	06/1998: 225.272 DM		
	01/2000: 226.432 DM	06/2001: 219.883 DM	04/1999: 325.612 DM

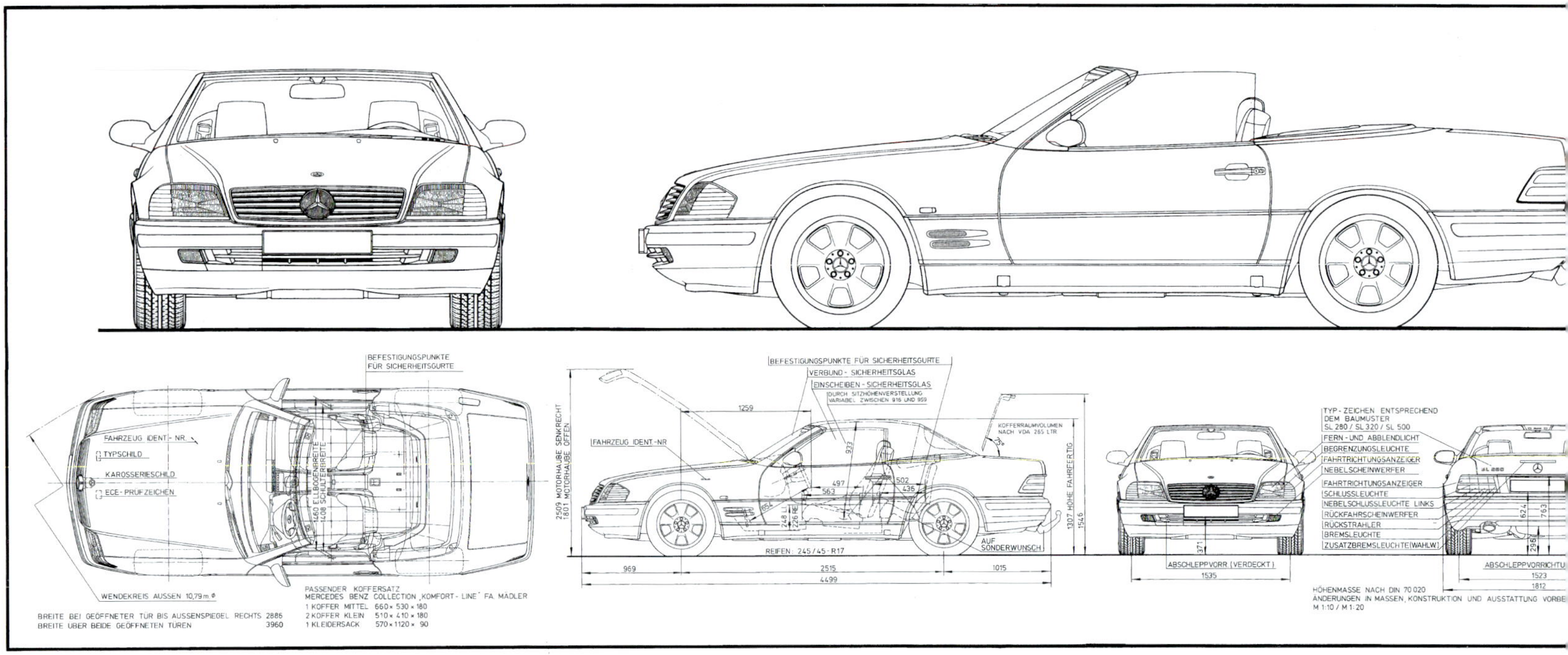
BEFESTIGUNGSPUNKTE FÜR SICHERHEITSGURTE
FAHRZEUG IDENT - NR.
TYPSCHILD
KAROSSERIESCHILD
ECE - PRÜFZEICHEN
1460 ELLBOGENBREITE
1408 SCHULTERBREITE
WENDEKREIS AUSSEN 10,79 m ⌀
BREITE BEI GEÖFFNETER TÜR BIS AUSSENSPIEGEL RECHTS 2886
BREITE ÜBER BEIDE GEÖFFNETEN TÜREN 3960
PASSENDER KOFFERSATZ
MERCEDES BENZ COLLECTION „KOMFORT - LINE" FA. MÄDLER
1 KOFFER MITTEL 660 × 530 × 180
2 KOFFER KLEIN 510 × 410 × 180
1 KLEIDERSACK 570 × 1120 × 90
BEFESTIGUNGSPUNKTE FÜR SICHERHEITSGURTE
VERBUND - SICHERHEITSGLAS
EINSCHEIBEN - SICHERHEITSGLAS
2509 MOTORHAUBE SENKRECHT
1801 MOTORHAUBE OFFEN
FAHRZEUG IDENT - NR
KOFFERRAUMVOLUMEN NACH VDA 265 LTR
1307 HÖHE FAHRFERTIG
1546
REIFEN: 245/45 - R17
AUF SONDERWUNSCH
969
2515
1015
4499
TYP - ZEICHEN ENTSPRECHEND DEM BAUMUSTER SL 280 / SL 320 / SL 500
FERN - UND ABBLENDLICHT
BEGRENZUNGSLEUCHTE
FAHRTRICHTUNGSANZEIGER
NEBELSCHEINWERFER
FAHRTRICHTUNGSANZEIGER
SCHLUSSLEUCHTE
NEBELSCHLUSSLEUCHTE LINKS
RÜCKFAHRSCHEINWERFER
RÜCKSTRAHLER
BREMSLEUCHTE
ZUSATZBREMSLEUCHTE (WAHLW.)
ABSCHLEPPVORR. (VERDECKT)
1535
ABSCHLEPPVORRICHTUNG
1523
1812
HÖHENMASSE NACH DIN 70 020
ÄNDERUNGEN IN MASSEN, KONSTRUKTION UND AUSSTATTUNG VORBE
M 1:10 / M 1:20

SL
The SL-Class

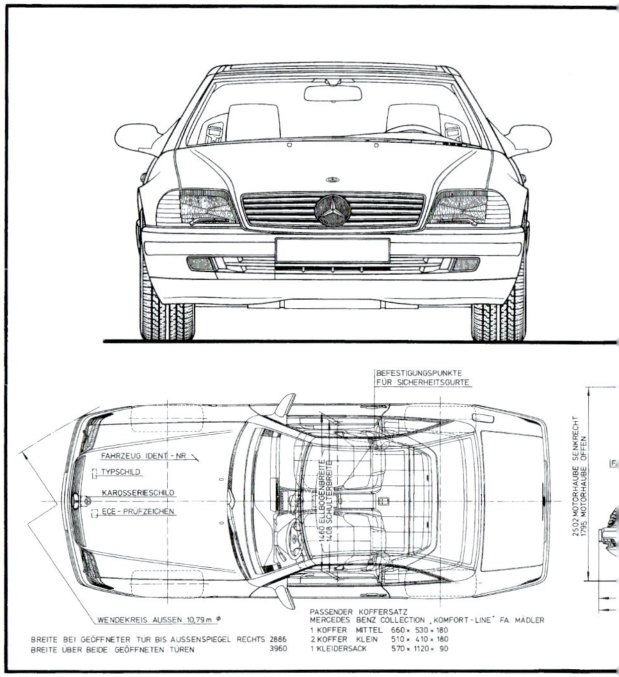
BEFESTIGUNGSPUNKTE FÜR SICHERHEITSGURTE
FAHRZEUG IDENT - NR.
TYPSCHILD
KAROSSERIESCHILD
ECE - PRÜFZEICHEN
1460 ELLBOGENBREITE
1408 SCHULTERBREITE
2502 MOTORHAUBE SENKRECHT
1795 MOTORHAUBE OFFEN
WENDEKREIS AUSSEN 10,79 m ⌀
BREITE BEI GEÖFFNETER TÜR BIS AUSSENSPIEGEL RECHTS 2886
BREITE ÜBER BEIDE GEÖFFNETEN TÜREN 3960
PASSENDER KOFFERSATZ
MERCEDES BENZ COLLECTION „KOMFORT - LINE" FA. MÄDLER
1 KOFFER MITTEL 660 × 530 × 180
2 KOFFER KLEIN 510 × 410 × 180
1 KLEIDERSACK 570 × 1120 × 90

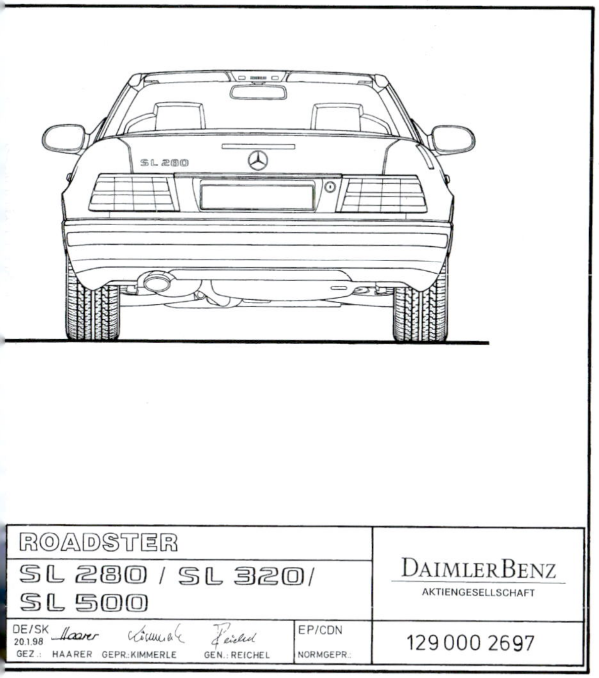
SL 280
ROADSTER
SL 280 / SL 320/
SL 500
DAIMLERBENZ
AKTIENGESELLSCHAFT
DE/SK
20.1.98
GEZ.: HAARER GEPR.: KIMMERLE GEN.: REICHEL
EP/CDN
NORMGEPR.:
129 000 2697

S MV 1869

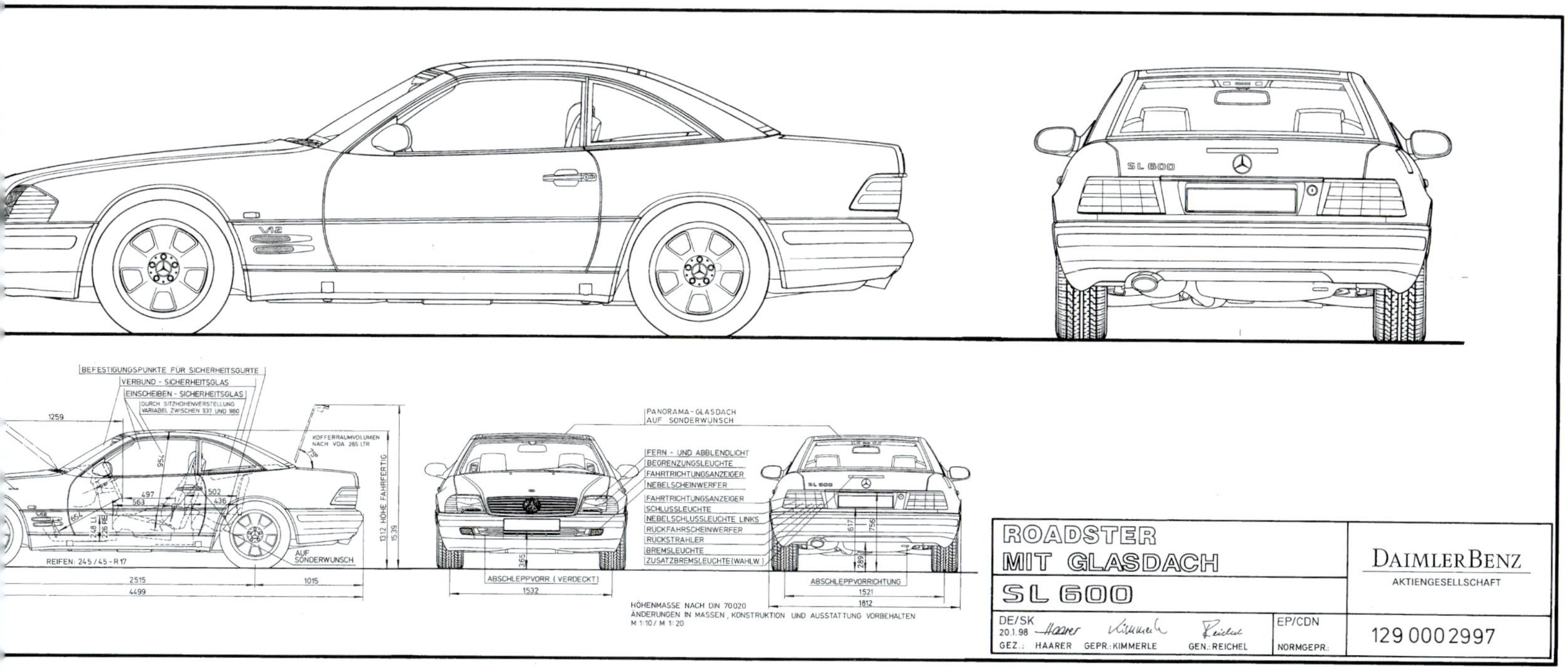
V12
SL 600
BEFESTIGUNGSPUNKTE FÜR SICHERHEITSGURTE
VERBUND - SICHERHEITSGLAS
EINSCHEIBEN - SICHERHEITSGLAS
KOFFERRAUMVOLUMEN
REIFEN: 245/45-R17
AUF SONDERWUNSCH
PANORAMA-GLASDACH AUF SONDERWUNSCH
FERN- UND ABBLENDLICHT
BEGRENZUNGSLEUCHTE
FAHRTRICHTUNGSANZEIGER
NEBELSCHEINWERFER
FAHRTRICHTUNGSANZEIGER
SCHLUSSLEUCHTE
NEBELSCHLUSSLEUCHTE LINKS
RÜCKFAHRSCHEINWERFER
RÜCKSTRAHLER
BREMSLEUCHTE
ZUSATZBREMSLEUCHTE (WAHLW.)
ABSCHLEPPVORR. (VERDECKT)
ABSCHLEPPVORRICHTUNG
HÖHENMASSE NACH DIN 70020
ÄNDERUNGEN IN MASSEN, KONSTRUKTION UND AUSSTATTUNG VORBEHALTEN
M 1:10 / M 1:20
ROADSTER
MIT GLASDACH
SL 600
DAIMLERBENZ
AKTIENGESELLSCHAFT
DE/SK
20.1.98
GEZ.: HAARER GEPR.: KIMMERLE GEN.: REICHEL
EP/CDN
NORMGEPR.:
129 000 2997

Die und das zum Schluss und: Danke

Unter der Internetadresse www.129sl-forum.de findet man, wie der Name schon sagt, ein Internetforum rein zum Thema Baureihe R 129, unter www.r129sl-club.de den einzigen R 129-Club, der offiziell von der Daimler AG anerkannt ist. Auch auf allgemeineren Foren lassen sich immer wieder Gleichgesinnte und technische Tipps finden, zum Beispiel unter www.motor-talk.de, www.mercedes-fans.de oder www.mb-treff.de.der Adresse www.imcdb.org stöbern. Hier ist eine unglaubliche Sammlung an Informationen vorhanden, welches Auto wann in welchem Film welche Rolle spielte. Bekannte Filme, in denen der SL mal mehr, mal weniger eine Rolle spielte, waren zum Beispiel »Dallas«, »Baywatch«, »Derrick«, »Sex and the City«, »The wolf of wall street«, »Der Bergdoktor« und »Alarm für Cobra 11«.

Ich bedanke mich bei den Mitarbeitern von Mercedes-Benz, die mich bei diesem Buch unterstützt haben: bei Silvie Kiefer für die Bildrecherche, bei Gerhard Heidbrink für das aufmerksame Lesen des Manuskripts. Und wieder einmal bedanke ich mich bei meiner Frau Antje. Für die Zeit für dieses Buch. Und für die Zeit mit ihr.

Der Mercedes R129 war ein Technologieträger erster Güte: Mit ihm zeigte Daimler, was Ende der 1980er technisch machbar war

WEITERE BÜCHER ZUM THEMA

Der R129 war Technologieträger für eine ganze Generation von Mercedes-Fahrzeugen. Gemeinsam mit Prof. Johann Tomforde, neben Bruno Sacco einer der Väter des R129, öffnet René Staud das Jahrzehnte lang verschlossene Archiv zum legendären Roadster.
240 Seiten, 305x230 mm, 200 Abb.
ISBN 978-3-613-04582-8
€ 69,– | € (A) 71,–

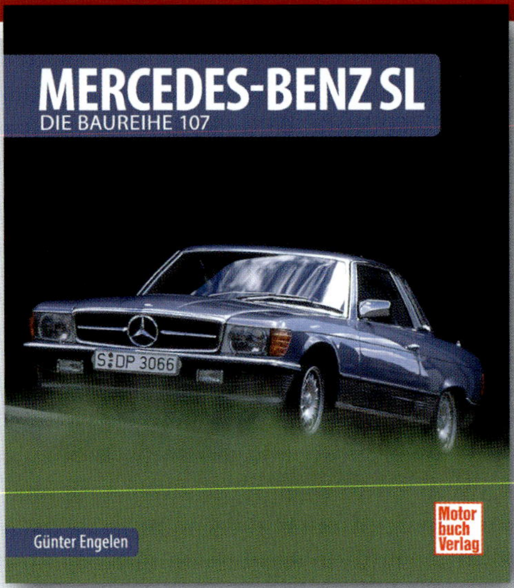

Diese überarbeitete und umfassend ergänzte Dokumentation aus der legendären SL-Reihe beschreibt erstmals die komplette Geschichte des R 107, von den Anfängen bis zu seinem letzten Baujahr 1989.
400 Seiten, 230x265 mm, 306 Abb.
ISBN 978-3-613-03754-0
€ 59,– | € (A) 60,70

Dieser Band beschäftigt sich mit allen Mercedes-Benz Personenwagen von 1926 bis heute, darunter Modelle wie die legendären Typen 500 und 540 K, Adenauer-Benz, »Nitribitt« 190 SL und der 300 SL-Flügeltürer. Auch die Neuzeit kommt mit Ikonen wie dem G-Modell, der Kohl-S-Klasse und dem Traumwagen SLS AMG nicht zu kurz.
224 Seiten, 210x280 mm, 500 Abb.
ISBN 978-3-613-04539-2
€ 18,95 | € (A) 19,50

Günter Engelen zeigt erstmals die komplette Geschichte des R 129, von den Anfängen bis zu seinem letzten Baujahr 2001.
352 Seiten, 230x265 mm, 493 Abb. ISBN 978-3-613-03689-5
€ 49,90 | € (A) 51,30

Leseproben zu allen Titeln auf unserer Internetseite

Stand Februar 2024
Änderungen in Preis und Lieferfähigkeit vorbehalten.

Überall, wo es Bücher gibt, oder unter
WWW.MOTORBUCH-VERSAND.DE
Service-Hotline: 0711 / 78 99 21 51
www.facebook.com/MotorbuchVerlag

Motor buch Verlag